W0257528

Die Ergebnisse

der in den preußischen Staatsforsten ausgeführten

Anbauversuche mit fremdländischen Holzarten.

Bearbeitet

von

Prof. Dr. Schwappach,

Dirigent der forstlichen Abtheilung der Hauptstation des forstlichen Versuchswesens.

Berlin.

Verlag von Julius Springer.

1901.

Erweiterter Sonderabdruck aus der „Zeitschrift für Forst- und Jagdwesen" 1901, Heft 3 bis 5.

ISBN-13: 978-3-642-90385-4   e-ISBN-13: 978-3-642-92242-8
DOI:10.1007/978-3-642-92242-8

Inhalts-Uebersicht.

		Seite
I.	Einleitung	1
II.	Ergebnisse der Anbau-Versuche für die einzelnen Holzarten	4
	Abies amabilis	4
	- concolor	5
	- firma	6
	- grandis	7
	- nobilis	8
	- Nordmanniana	9
	Acer dasycarpum	11
	- Negundo	12
	- saccharinum	14
	Betula lenta	15
	Carya	17
	Carya alba	18
	- amara	22
	- porcina	22
	- sulcata	23
	- tomentosa	23
	Catalpa speciosa	23
	Cercidiphyllum japonicum	25
	Chamaecyparis Lawsoniana	26
	- obtusa	28
	- pisifera	30
	Cladrastris amurensis	32
	Cryptomeria japonica	32
	Fraxinus americana	34
	Juglans nigra	37
	Juniperus virginiana	41
	Larix leptolepis	42
	Magnolia hypoleuca	44
	Phellodendron Amurense	45
	Picea Alcockiana	47
	- Engelmanni	47
	- pungens	49
	- sitchensis	51

Seite

Pinus Banksiana 54
   - Jeffreyi 55
   - ponderosa 55
   - Laricio Poiretiana 57
   - rigida 58
Populus serotina 62
Prunus serotina 62
Pseudotsuga Douglasii 64
Quercus rubra 72
Thuya gigantea 74
Tsuga Mertensiana 76
   - Sieboldii 78
Zelkova Keaki 79
Picea polita 80
Sciadopitys verticillata 80
Thuja Standishii 81
III. Zusammenfassende Darstellung der Anbauversuche und ihrer Ergebnisse . . . 81
IV. Zusammenstellung der Größe der Anbauflächen nach Holzarten und Oberförstereien 97
    Litteratur-Uebersicht 106

I. Einleitung.

Ueber die Ergebnisse der Anbauversuche mit fremdländischen Holzarten in Preußen ist bisher bereits dreimal[1]) berichtet worden, diese Mittheilungen waren jedoch theils wegen der Kürze der Beobachtungszeit nicht beweiskräftig hinsichtlich der Anbauwürdigkeit, theils haben sie sich nach Lage der Verhältnisse nur auf einzelne Gruppen der angebauten fremdländischen Holzarten bezogen.

Mit dem Ablauf des Jahres 1900 sind nunmehr 20 Jahre seit dem Beginn dieser Versuche, soweit sie der Neuzeit angehören, verflossen. Die angebauten Holzarten haben sich großentheils als geeignet zum Anbau in Deutschland erwiesen und deshalb in immer weiteren Kreisen Interesse erregt, welches einerseits durch zahlreiche Anfragen über die empfehlenswerthen Holzarten und die zweckmäßigste Methode ihres Anbaues sowie andererseits durch die immer größere Verbreitung dieser Fremdländer nicht nur in Staatswaldungen, über den Rahmen der Versuchskulturen hinaus, sondern namentlich auch in Privatforsten zum Ausdruck gelangt.

Unter diesen Umständen erschien es zweckmäßig und einem praktischen Bedürfnisse entsprechend, daß nunmehr die Beobachtungen zusammengefaßt und deren Ergebnisse zum Nutzen aller Interessenten veröffentlicht würden.

Bei dieser Gelegenheit sollte auch ein Ueberblick über die Ausdehnung des Anbaues dieser Holzarten in den preußischen Staatsforsten gewonnen werden.

Zum angegebenen Zweck sind die Herren Verwalter der Versuchsreviere sowie aller jener Oberförstereien, an welche von Seiten der Hauptstation zu Versuchszwecken entweder Samen oder Pflanzen geliefert worden waren, im

---

[1]) Danckelmann, Anbauversuche mit ausländischen Holzarten in den preußischen Staatsforsten. Zeitschr. f. Forst= u. Jagdwesen 1884, S. 189 u. 234.

Schwappach, Denkschrift betreffend die Ergebnisse der in den Jahren 1881 bis 1890 in den preußischen Staatsforsten ausgeführten Anbauversuche mit fremdländischen Holzarten. Zeitschr. f. Forst= u. Jagdwesen 1891, S. 18, 81 u. 148.

Schwappach, Ergebnisse der Anbauversuche mit japanischen und einigen neueren amerikanischen Holzarten in Preußen. Zeitschr. f. Forst= u. Jagdwesen 1896, S. 327.

Sommer 1900 erſucht worden, auf Fragebogen Mittheilungen über die Aus=
dehnung der angelegten Beſtandesflächen, ſoweit ſie im Einzelfalle mindeſtens
die Größe von 5a beſäßen, deren Standort, Alter und Entwicklung zu
machen und ſich, ſoweit ſie es für angebracht erachteten, noch in beſonderen
Gutachten über das Verhalten der angebauten Fremdländer und deren
Anbauwürdigkeit zu äußern.

Auf dieſe Weiſe iſt aus 111 Oberförſtereien ein außerordentlich umfang=
reiches Material eingegangen, welches nicht nur geſtattet, die Anbaufähig=
keit dieſer Holzarten zu beurtheilen, ſondern namentlich auch werthvolle Schlüſſe
über den Anſpruch an den Standort und ihre zweckmäßige waldbauliche
Behandlung in der Jugend zu ziehen.

Ich bin perſönlich ſämmtlichen betheiligten Herren zum größten Danke
für die mit großer Sorgfalt und Gewiſſenhaftigkeit gemachten Angaben
verpflichtet, in ganz beſonders hohem Maße gilt dieſes bezüglich des Herrn
Forſtmeiſters Boden in Freienwalde, welcher auch jetzt ebenſo, wie bei den
beiden früheren Umfragen in den Jahren 1890 und 1895, die eingehendſten
Mittheilungen für faſt ſämmtliche weiterhin beſprochenen Holzarten gemacht hat.
In einigen Fällen ſind ſeine Beobachtungen überhaupt die einzigen, welche
bis jetzt vorliegen.

Meine nunmehr 14 Jahre umfaſſende Thätigkeit als Dirigent der forſt=
lichen Abtheilung der Hauptſtation hat mir durch die jährlichen umfaſſenden
Reiſen reiche Gelegenheit zu vergleichenden Beobachtungen über das Ver=
halten der fremdländiſchen Holzarten und deren Entwicklung unter den ver=
ſchiedenſten Verhältniſſen geboten. Ich habe, wenigſtens alle größeren An=
lagen außerhalb der hieſigen Lehrreviere, in dieſer Zeit mindeſtens einmal,
die Mehrzahl aber zwei= bis dreimal in Abſtänden von etwa 6 Jahren beſucht
und ihre Entwicklung ſowie die günſtigen oder widrigen Verhältniſſe, welche
bei ihrem Anbau zur Geltung kommen, aus eigener Anſchauung kennen gelernt.

Hierdurch war ich in die Lage verſetzt, das Beobachtungsmaterial zu
ſichten und zu ergänzen ſowie eine Erklärung für die bisweilen ziemlich be=
trächtliche Verſchiedenheit der Urtheile über den Werth der einzelnen Holz=
arten geben zu können. Daß dieſe nicht nur von der thatſächlichen Ent=
wicklung der Kulturen, ſondern auch durch ſubjektive Auffaſſungen, durch
Vorliebe oder Abneigung gegenüber den Fremdländern beeinflußt werden,
iſt nur zu begreiflich.

Die zweite Aufgabe dieſer neueſten Umfrage war, einen Ueberblick über
die Geſammtfläche zu gewinnen, welche mit ausländiſchen Holzarten in den
preußiſchen Staatsforſten während der letzten 20 Jahre überhaupt angebaut
worden iſt, und deren gegenwärtige Beſchaffenheit ſie zur ferneren Be=
obachtung als geeignet erſcheinen läßt ohne Rückſicht auf den Umſtand, ob
die Kulturen für die Zwecke des Verſuchsweſens ausgeführt worden ſind
oder nicht.

Dieses Ziel ist jedoch nur theilweise erreicht worden, weil in verschiedenen Oberförstereien ziemlich ausgedehnte Kulturen mit diesen Holzarten vorhanden sind, ohne daß eine Mittheilung hierüber zu erhalten war.

Ebenso finden sich innerhalb der älteren Versuchsreviere Anlagen, über welche Lagerbuch geführt wird und solche, bezüglich welcher das nicht der Fall ist.

Mein Wunsch ging dahin, eine vollständige Statistik der Anbauflächen ohne Unterschied ihrer Bestimmung zu erlangen. Nach meiner Kenntniß der thatsächlichen Verhältnisse muß ich erklären, daß dieses nicht gelungen ist. Die in der beigegebenen Uebersicht nachgewiesenen Flächen stellen daher nur einen Theil des mit den aufgewandten Mitteln erzielten Erfolges dar, die wirkliche Anbaufläche der fremdländischen Holzarten ist, abgesehen von der Kultur einzelner Exemplare und kleiner Gruppen, nicht unerheblich größer.

Bei dieser Gelegenheit ist auch eine gründliche Revision der vorhandenen Versuchsflächen hinsichtlich ihrer Brauchbarkeit zu weiteren Beobachtungen erfolgt und sind alle aussichtslosen Kulturflächen den Anträgen der Herrn Revierverwalter entsprechend gestrichen worden, soweit nicht bei den erst innerhalb der letzten 10 Jahren erprobten Holzarten der Umstand, daß theilweise nur sehr beschränkte Versuchsflächen vorhanden sind, dazu veranlaßte, auch nicht besonders wüchsige Kulturen vorläufig noch weiter zu beobachten.

In einigen Fällen hat sich hierbei gezeigt, daß die Verurtheilung wegen schlechten Gedeihens früher zu voreilig erfolgt war und sich allmählich doch noch aussichtsvolle Anlagen entwickelt haben, weshalb die Beobachtung wieder von neuem aufgenommen worden ist.

Die am Schluß beigefügte Statistik der Versuchsreviere und ihrer Anbauflächen ist nach den angegebenen Grundsätzen aufgestellt und gewährt schon beim Vergleich mit der Statistik von 1890, welche allerdings nur summarisch gehalten ist, einen werthvollen Einblick in das weitere Verhalten der damals besprochenen Arten, auf welchen im Theil III näher eingegangen werden wird.

Die folgende Darstellung soll eine Schilderung der einzelnen fremdländischen Arten, welche bei den Anbauversuchen berücksichtigt worden sind, darstellen und ersehen lassen: 1. ihre Heimath, 2. Ansprüche an den Standort, 3. die bisherige Entwicklung, 4. die Beschaffenheit ihres Holzes, 5. die beobachteten Schäden, 6. die zweckmäßigste Methode ihres Anbaues und 7. ein Urtheil über Anbaufähigkeit und Anbauwürdigkeit.

Hierauf folgt im Theil III eine Uebersicht über den für Versuchszwecke gemachten Aufwand an Geld und Material nebst dem hiermit erzielten Erfolg sowie eine übersichtliche Zusammenstellung der Ergebnisse.

Theil IV bringt eine Statistik der Anbaufläche nach Oberförstereien und Holzarten.

1*

II. Ergebniſſe der Anbauverſuche für die einzelnen Holzarten.

Abies amabilis (Forb).

Purpurtanne. — Amabilis Fir[1].

Anbaufläche 0,19 ha. Zahl der Anbaureviere: 3.

In Oregon, Waſhington und im ſüdlichen Britiſch-Columbien heimiſch, wo ſie an den Hängen des Kaskadengebirges zwiſchen 1000 und 2000 m Höhe vorkommt.

Die älteſten bei uns angebauten Pflanzen ſind 7jährig, haben ſich in ihrer bisherigen Entwicklung im Allgemeinen den übrigen Abies-Arten entſprechend verhalten. Bemerkenswerth erſcheint, daß Abies amabilis in der frühen Jugend ſehr empfindlich gegen direkte Sonnenbeſtrahlung iſt. Die Nadeln werden hier gelb und die Pflanzen gehen ein, wenn der Boden nicht ſehr friſch iſt.

Auch Spätfröſte werden den ſehr zarten Nadeln ſchädlich.

Der Anbau erfolgt daher zweckmäßig entweder im Schirmſchlag oder in kleinen, etwa 6 a großen Hiebslöchern mit 5jährigen verſchulten Pflanzen.

Das Höhenwachsthum war bis jetzt ähnlich wie bei der Weißtanne, die höchſten Pflanzen ſind etwa 1m hoch, die Mittelhöhe beträgt 60 cm und fangen ſie nun an, kräftige Höhentriebe zu entwickeln. In ihrer Heimath wird ſie bis 80 m hoch.

Das Stärkenwachsthum iſt ein außerordentlich langſames. Das Muſterſtück der Jesup-Collection[2] hat einen rindenloſen Durchmeſſer von 44 cm bei einem Alter von 180 Jahren. In Waſhington wurde 1896 am Solduc-River, in einem Gebiet mit außerordentlich hohen Niederſchlägen ein Stamm gefällt, welcher bei einem Alter von 150 Jahren 40 m hoch und 47 cm ſtark war.

Das Holz beſitzt ein ſpezif. Gewicht von 0,42, iſt hell gefärbt und entſpricht anſcheinend jenem unſerer Weißtanne.

Auffallend iſt das Ausſehen der Zweige, welche von oben ganz durch Nadeln bedeckt ſind, letztere beſitzen eine glänzendgrüne Farbe und liegen in 2 Schichten übereinander. Die oberen Nadeln ſind an jungen Pflanzen kürzer als die unteren und etwas dem Triebe paralell angedrückt.

---

[1] Die engliſchen Bezeichnungen entſprechen den von Sudworth in ſeinem „Nomenclature of the arborescent flora of the United States“ angenommenen Namen, das Gleiche gilt für den mehrfach beigeſetzten lateiniſchen Namen, während die Hauptüberſchrift nach der in Deutſchland üblichen wiſſenſchaftlichen Bezeichnung, bei den Nadelhölzern namentlich nach Beißners Handbuch der Coniferen-Benennung, Leipzig 1887, gewählt worden iſt.

[2] Großartige Sammlung der nordamerikaniſchen Forſtprodukte zu New-York. Angeregt von Jeſup, Direktor des amerikaniſchen Muſeums für Naturgeſchichte in New-York, angelegt mit kräftigſter Unterſtützung des Staates durch C. S. Sargent. Weiteres hierüber befindet ſich in Mahr, Die Waldungen von Nordamerika, S. 94.

An den kräftigen Gipfeltrieben liegen die Nadeln fest an den Stämmen oder sind in der oberen Hälfte etwas zurückgebogen.

Sargent rühmt die Schönheit dieser Tanne mit weißer Rinde, dunkelglänzender Belaubung und großen purpurfarbenen Zapfen.

Ergebniß.

Bei der kurzen Dauer und dem geringen Umfang der Anbauversuche läßt sich gegenwärtig ein sicheres Urtheil über die Anbauwürdigkeit dieser Holzart nicht abgeben. Nach ihrem Verhalten in der Heimath dürfte die Pupurtanne aber in Deutschland wohl kaum für den forstlichen Anbau in größerem Umfang, dagegen wegen ihrer Schönheit als Parkbaum in Betracht kommen.

Ihr Wachsthumsgang in Deutschland wird nach ihrem bisherigen Verhalten wenigstens erheblich besser sein, als in den östlichen Vereinigten Staaten, wo das älteste, 1893 25jährige, Exemplar in West Chester, Pennf. noch nicht 2 m hoch war.

Abies concolor (Gord).

Amerikanische Silbertanne. — White Fir.

Anbaufläche 1,45 ha.   Zahl der Anbaureviere: 12.

Am meisten verbreitet im südlichen Oregon und im nördlichen Californien, ferner in dem Gebirge von Arizona bis Utah in Süd-Colorado, sie steigt im südlichen Theil ihres Verbreitungsgebietes bis 3000 m hinauf.

Nach Sargent verträgt Ab. concolor von allen Tannen Nordamerikas am besten Höhe und Trockenheit, sie wächst selbst auf fast nacktem Fels, wo wenig andere Bäume Fuß fassen können.

Bei den Anbauversuchen, welche allerdings erst 8 Jahre dauern, hat sich diese Art als frosthart und widerstandsfähig gegen die Unbilden der Witterung in allen Gebieten erwiesen. Wegen des späten Austreibens leidet sie auch nicht unter den gewöhnlichen Spätfrösten.

An den Boden stellt Ab. concolor keine sehr hohen Ansprüche hinsichtlich seiner mineralischen Kraft und gedeiht auf Kiefernboden II. Klasse noch ganz gut, wenn er die nöthige Frische besitzt. Auf letztere Eigenschaft scheint sie besonderen Werth zu legen.

Abies concolor hat stets heller gefärbte Nadeln als die übrigen Tannenarten, außerdem variirt sie aber ebenso wie Picea Engelmanni und Picea pungens in saftigem Grün bis fast zu silberhellem Grau.

Im 2. Lebensjahr entwickelt sich eine tiefgehende Herzwurzel mit vielen Faserwurzeln, schon in den ersten Lebensjahren ist das Wachsthum nicht so langsam, wie bei den sonstigen Abies-Arten, vom 5. Jahre geht sie rasch in die Höhe und wird ihr Wachsthum energischer als jenes aller übrigen angebauten Abies-Arten sowie auch als jenes unserer Weißtanne.

Im ersten Jahr erreichen die Pflanzen bereits eine Höhe von 10 cm.

Die ältesten, nun 8 jährigen Pflanzen haben auf der am besten ent=
wickelten Kultur in Ramuck (Rgb. Königsberg) eine Mittelhöhe von 1 m und
eine Oberhöhe von 1,80 m, in den übrigen Oberförstereien, auch hier in
Eberswalde, stehen die Pflanzen kaum hiergegen zurück.

Auf günstigem Standort überholt Abies concolor sogar die Fichte.

In der Heimath wird sie im besten Fall über 80 m hoch, im Innern
des Landes etwa 40 m.

Seitenschutz ist nur in der frühesten Jugend nothwendig, späterhin liebt
Abies concolor Licht.

Das Holz ist leicht, spez. Gew. 0,36, hell gefärbt, wird selten zu Bau=
holz, meist zu Kisten und Butterfässern verwendet.

Gefahren durch Pilze und Insekten war Abies concolor bis jetzt nicht
ausgesetzt, dagegen wird das Wild den ungeschützten Pflanzen sehr schädlich.

Die Anzucht der Pflanzen erfolgt wie bei der Weißtanne, zu Frei=
kulturen können bei der raschen Entwicklung auch zweijährige Sämlinge in
Rajolstreifen, sonst verschulte vierjährige Pflanzen verwendet werden.

Wegen den flachstreichenden Faserwurzeln ist Abies concolor empfindlich
beim Verpflanzen und darf jedenfalls nicht zu tief eingesetzt werden.

Die Bestandesanlagen werden zweckmäßig in Löcher=Kahlschlägen von
etwa 10 a Größe oder in lichten Schirmschlägen, deren Oberstand bald
abgeräumt wird, ausgeführt. Ebenso kann Abies concolor zur Nachbesserung
in Schlägen, welche noch nicht zuweit vorgeschritten sind, verwendet werden.

Ergebniß.

Unter allen bei den Versuchen erprobten Abies-Arten hat sich Abies
concolor durch ihre Raschwüchsigkeit und Unempfindlichkeit gegen klimatische
Einflüsse bisher am besten bewährt, und wird daher allseitig zum weiteren
Anbau empfohlen. Außerdem eignet sich dieser sehr schöne Baum sowohl
durch Habitus als durch Farbe der blaugrauen Exemplare vortrefflich zur
Verschönerung und für Parkanlagen.

Abies firma (Sieb. & Zucc.).
Japanische Weißtanne. — Momi.
Anbaufläche 0,21 ha, Zahl der Anbaureviere: 3.

Die größte und schönste Tanne Japans macht in ihrer Heimath so hohe
Ansprüche an Wärme und Feuchtigkeit, daß Sargent sie als ungeeignet
zum Anbau in den Vereinigten Staaten bezeichnet.

Sie wächst in den Gebirgen des südlichen und mittleren Japans
zwischen 1200 bis 2000 m Höhe auf tiefgründigem Boden in Mischung mit
Tsuga Siboldii oder mit Laubhölzern.

In Preußen hat sie sich besser entwickelt, als nach den Angaben von
Sargent zu vermuthen war. Bei strenger Kälte erfrieren zwar die über

den Schnee herausragenden Nadeln theilweise, wenigstens in der Jugend, allein die Pflanze leidet hierunter nicht.

Wie die übrigen Tannen beansprucht auch diese Art einen kräftigen und frischen Boden.

Das Höhenwachsthum der ersten 4 Jahre steht in der Mitte zwischen unserer Weißtanne und Abies concolor, vom 5. Jahre ab schreitet es rasch vorwärts. Mit 9 Jahren ist sie im Mittel 1 m, mit 14 Jahren im günstigsten Fall (Schkeuditz, Döhlauer Heide bei Halle) 3 m im Mittel hoch, die Ober=höhe beträgt hier bereits 5 m. In Japan wird sie bis 40 m hoch.

Nach Ueberwindung des ersten Jugendstadiums entwickelt sich Ab. firma ganz gut im Freistand. Das Holz ist weich, grabfaserig, leicht zu bearbeiten und schwer vom Weißtannenholz zu unterscheiden. Spez. Gew. 0,36.

Die festen und spitzen Nadeln schützen Ab. firma sehr gegen Wild=verbiß und leidet sie weniger hierunter als andere Tannenarten. Sonstige Gefahren sind bis jetzt nicht beobachtet worden.

Pflanzenerziehung und Anbau wie bei Abies concolor.

Ergebniß.

Abies firma hat sich bisher als ziemlich raschwüchsig erwiesen, besonders vortheilhaft ist die Widerstandsfähigkeit gegen Wildverbiß. Sie dürfte mit Rücksicht hierauf wenigstens in milderen Gegenden für forstliche Zwecke zu beachten sein.

Der schöne Habitus mit breiten, glänzend grünen langen starren Nadeln, welche beim Austriebe braungrün sind, empfiehlt sie für Verschöne=rungsanlagen.

Abies grandis (Kindl.)

Große Küstentanne. — Great Silver Fir.
Anbaufläche 0,16 ha. Zahl der Anbaureviere: 3.

Hauptsächlich verbreitet auf dem Schwemmland der Flüsse an der Küste im südlichen Britisch=Columbia, Washington und nördlichen Kalifornien, wo sie meist einzeln eingesprengt zwischen Douglasia, Tsuga Mertensiana, Picea sitchensis vorkommt.

Bei den Anbauversuchen, welche nur geringen Umfang besitzen, hat sich diese Tanne als geeignet für unser Klima und als raschwüchsiger wie die Weißtanne, welcher sie in ihren Ansprüchen an den Boden gleicht, erwiesen; in Chorin haben 6jährige Pflanzen eine Mittelhöhe von 1,20 und eine Oberhöhe von 1,70 m. Im Optimum ihres Verbreitungsbezirkes, an der Küste von Oregon und Washington, erreicht sie Höhen bis zu 90 m, weiter im Binnenland wird sie auf trockenem Standort nur etwa 30 m hoch.

Das Musterstück der Jesup-Collection besitzt einen rindenlosen Durch=messer von 61 cm bei einem Alter von 120 Jahren, der 3 cm breite Splint enthält 21 Jahresringe.

Das Wurzelsystem besteht aus einer Herzwurzel mit vielen Faserwurzeln. Die Pflanzen wachsen leicht an.

Das Holz ist sehr hell, weder fest noch dauerhaft, spez. Gewicht 0,35, hellbraun mit heller gefärbtem Splint, wird hauptsächlich zur inneren Ausstattung der Gebäude, zu Kisten und Böttcherwaaren verwendet.

Sargent sagt von ihr: Die prachtvollen Verhältnisse des Baumes und ihr rascher Wuchs machen die große Küstentanne zu einem der stattlichsten Bewohner der Waldungen der nördlichen Halbkugel.

Ergebniß.

Der geringe Umfang und die kurze Dauer der Anbauversuche gestatten noch kein abschließendes Urtheil. Die große Küstentanne verträgt jedenfalls das Klima Norddeutschlands, ist auf gutem, frischem Boden sehr raschwüchsig, weshalb die Versuche mit Rücksicht auf die riesigen Dimensionen, welche sie unter günstigen Verhältnissen erlangt, noch Fortsetzung verdienen.

Abies nobilis (Lindl).

Pacifische Edeltanne. — Noble Fir.
Anbaufläche 0,67 ha. Zahl der Anbaureviere: 5.

In dem Cascaden- und Küstengebirge in Washington und Oregon heimisch, wo sie hauptsächlich zwischen 900 bis 1700 m vorkommt.

Das Klima Norddeutschlands ist bis jetzt gut ertragen worden. Gegen Winterkälte selbst in Freilagen unempfindlich, vor Spätfrösten durch spätes Austreiben geschützt. Sie liebt milden und frischen lockeren Lehmboden, verträgt aber auch trockenen Boden. Hinsichtlich des Schattenerträgnisses verhält sich diese Edeltanne während der ersten Jahre wie die übrigen Tannenarten, wünscht aber etwa vom 4. Jahre an schon eine stärkere Insolation, was sich auf den Kulturen in Löcherhieben durch das erheblich raschere Wachsthum der in der Mitte stehenden Pflanzen zu erkennen giebt.

Die Bewurzelung besteht aus einer starken Herzwurzel mit vielen Seitenwurzeln. Das Höhenwachsthum ist vom 4. Jahre ab etwa so rasch wie jenes der Fichte. Sie entwickelt an den kräftigen Längstrieben bisweilen mehrere Quirle in einem Jahr.

Die besten, jetzt siebenjährigen Kulturen in Eckstelle (Reg.-Bez. Posen) haben eine Mittelhöhe von 1 m, einzelne Pflanzen besitzen bereits eine Länge von 1,70 m.

In ihrer Heimath wird Abies nobilis ebenso hoch wie Abies grandis, nach Mayr und Sargent erreichen einzelne Individuen in günstigen Lagen des fruchtbaren Coast-Range Höhen von 92 m.

Das Stärkenwachsthum ist auch hier äußerst langsam. Das Musterstück der Jesup-Collection hat einen rindenlosen Durchmesser von 51 cm bei einem Alter von 292 Jahren, der Splint ist 8 cm stark und enthält 112 Jahrringe.

Das Holz ist hart, fest, spez. Gewicht 0,46, bräunlich-roth gefärbt; es wird zu Balken, Kisten und zur inneren Ausstattung der Gebäude verwendet.

Schädlich ist bis jetzt nur Wild (durch Abschneiden und Fegen) geworden.

Zum Anbau können 2jährige Sämlinge und 4jährige verschulte Pflanzen verwendet werden. Lockerheit des Bodens, event. auch Behacken, ist eine Vorbedingung des Gedeihens.

Ergebniß.

Nach den bisherigen Beobachtungen erscheint die pacifische Edeltanne in Norddeutschland jedenfalls als anbaufähig, namentlich in den Gebirgen. Empfehlend für den Anbau kommt die große Massenproduktion in Betracht.

In Parks und sonstigen Anlagen wird die sehr schöne Tanne bereits seit längerer Zeit kultivirt, doch sind diese Exemplare fast alle aus Stecklingen erzogen worden und zeigen daher nicht den normalen Habitus und die energische Entwicklung der aus Samen erzogenen Pflanzen.

Abies Nordmanniana (Steven).

Nordmannstanne.

Anbaufläche 5,04 ha. Zahl der Anbaureviere: 19.

Ihre Heimath sind die Gebirge vom westlichen Kaukasus bis Armenien, wo sie in der mittleren und oberen Waldregion, etwa bis 2000 m Höhe, bestandesbildend auftritt.

In Deutschland hat sie sich bisher sowohl hinsichtlich ihrer Ansprüche an den Standort, als auch in ihrer Entwickelung ganz ähnlich verhalten wie unsere Weißtanne.

Sie fordert wie diese einen mineralisch kräftigen Boden sowie in der Jugend Schutz gegen Frost, Hitze und namentlich aber gegen trocknende Winde.

Das Wurzelsystem besteht aus einer mäßig entwickelten Pfahlwurzel mit kurzen Seitenwurzeln.

Während der ersten zehn Jahre wächst sie noch langsamer als die Weißtanne, erst im 15. Jahre etwa beginnt ein lebhaftes Höhenwachsthum, wie nachstehende Uebersicht zeigt[1].

Alter: Jahre	Mittelhöhe m	Oberhöhe m
5	0,2	0,4
10	0,7	1,1
15	1,9	2,4
20	3,5	4,5
22	4,3	5,5

---

[1] Da das Höhenwachsthum den besten Einblick in die Entwickelung der jugendlichen Anlagen gestattet, so sind die Angaben über Mittel- und Oberhöhen der besseren Anlagen für die bereits längere Zeit kultivierten Arten zusammengestellt und graphisch ausgeglichen worden, woraus sich die beigefügten Tabellen ergeben haben.

Mit 100 Jahren wird sie etwa 36 m hoch.

Das Schattenerträgniß ist ein sehr bedeutendes, in Pudagla hat sie sich unter 30 jährigen Buchenstangen, deren Zweige sich fast berührten, freudig entwickelt.

Im Frühjahr treibt sie etwa 14 Tage später als die Weißtanne und ist sie deshalb weniger durch die Spätfröste gefährdet als die Weißtanne.

Im Gegensatz zu dieser sonst von allen Seiten übereinstimmend gemachten Beobachtung theilt Oberförster Lampson in Kastellaun (Rgb. Koblenz), auf dem Hunsrück gelegen, mit, daß dort die Nordmannstanne infolge der zeitigen Knospenentwickelung den Spätfrösten sehr ausgesetzt sei und einzelne Anlagen in Buchenverjüngungen durch Spätfrost so gut wie vernichtet seien.

Der Winterfrost schadet nur an freistehenden Pflanzen, welche unter der Einwirkung des Windes rothe Nadeln bekommen oder diese selbst ganz verlieren.

Der größte Feind der Nordmannstanne ist das Wild, gegen welches die Anlagen ausreichend geschützt werden müssen.

Vögel, Mäuse und Eichhörnchen fressen an den Keimlingen.

Das Holz entspricht in seinen Eigenschaften annähernd jenem der Weißtanne.

Bezüglich der Pflanzenerziehung ist auf die bekannten Regeln der Weiß=tannenwirthschaft zu verweisen. Da der Same spät eintrifft und nur bei besonders milder Witterung sofort ausgesät werden kann, so muß er bis zum Frühjahr in feuchtem Sand ausgesät werden.

Die langsamwüchsigen Pflanzen sollen erst in einem Alter von 6 bis 8 Jahren ins Freie gebracht werden, damit sie in nicht allzuferner Zeit mit der Höhenentwickelung beginnen und dem Verbeißen sowie dem Ueberwachsen=werden durch andere Holzarten entgehen.

Die Kulturen sind entweder in kleinen nur ca. 5 a großen Löcherkahl=schlägen oder, wohl besser, in ziemlich dunklen Schirmständen auszuführen, falls sie genügend gegen Wildverbiß geschützt werden können. Wegen der langsamen Entwickelung muß die Auspflanzung in den ersten Stadien der Verjüngung erfolgen, dagegen eignet sie sich aus diesem Grunde nicht zur Auspflanzung von Lücken in Laubholzverjüngungen, welche bereits anfangen, lebhafteres Längenwachsthum zu zeigen.

Ergebniß.

Waldbaulich hat die Nordmannstanne vor unserer Weißtanne den Vorzug des späteren Austreibens, dagegen verlängert die langsame Ent=wickelung die gefährliche Periode des Verbeißens. Ihr Holz bietet ebenfalls keine besondere Veranlassung, sie zu empfehlen. Es liegt daher kein Grund vor, Abies Nordmanniana zum forstlichen Anbau zu empfehlen. Dagegen ist dieser hervorragend schöne Baum als Solitär von hohem ästhetischen Werth und aus Schönheitsrücksichten sowohl in Parks und Gärten, als auch im Walde an geeigneter Stelle zu kultiviren.

Acer dasycarpum (Ehrh.)

Acer sacharinum (Linné). — Silberahorn. — Silver Maple.

Größe der Versuchsflächen: 5,04 ha.   Zahl der Anbaureviere: 7.

Gehört dem östlichen Nordamerika an, wo er von Neu-Braunschweig bis Florida namentlich an den Ufern rasch fließender Ströme und Flüsse vorkommt.

Gedeiht in Deutschland am besten auf frischem bis feuchtem Lehmboden, wächst auch auf tiefgründigem, frischem Sandboden gut, während trockene Lagen ihm nicht zusagen, hier entwickeln sich im Wurzelknoten zahlreiche Stockausschläge, welche das weitere Wachsthum des Hauptstammes erheblich beeinträchtigen. Der Silberahorn entspricht in seinem Verhalten im Allgemeinen unseren heimischen Ahornarten, namentlich dem Bergahorn.

Sehr raschwüchsig und lichtbedürftig, mit einem bereits in der Jugend äußerst kräftig entwickelten Wurzelsystem.

Der Stamm theilt sich häufig 3 bis 5 m über dem Boden in mehrere aufrecht stehende Aeste.

Durchschnittliche Höhenentwickelung der besseren Anlagen:

Alter: Jahre	Mittelhöhe m	Oberhöhe m
5	1,3	2,0
10	3,0	4,4
15	5,0	7,0
20	7,5	10,0

Das Holz ist hart, dichtfaserig, leicht zu bearbeiten, aber nicht elastisch. Spez. Gewicht 0,53.

Die Sprödigkeit des Holzes tritt namentlich auf trockenen und hohen Lagen dadurch unangenehm hervor, daß die Aeste durch Wind und Schnee leicht vom Stamm gebrochen werden.

In Amerika wird das Holz hauptsächlich zur Vertäfelung, sowie zu billigen Möbeln verwendet.

Wetterhart, namentlich gegen Frost unempfindlich, gegen welchen er von allen Ahornarten die größte Widerstandskraft besitzt, leidet auch unter Dürre nicht.

Vom Wild wird der Silberahorn nicht verbissen, selbst Kaninchen verschonen ihn.

Die Früchte reifen in Deutschland in der ersten Hälfte des Juni und werden zweckmäßig sofort ausgesät. Die Sämlinge erscheinen 14 Tage bis 3 Wochen nach der Aussaat und erreichen noch in demselben Jahre eine Höhe von 25 cm. Der Same läßt sich indessen auch ganz gut bis zum nächsten Frühjahr aufbewahren.

Zur Bestandesanlage werden am besten 2 bis 4 jährige verschulte Pflanzen verwendet. Eignet sich namentlich zur Einzeleinsprengung in Laubholzverjüngungen.

Ergebniß.

Acer dasycarpum besitzt forstlich keinerlei Vorzüge gegenüber den heimischen Ahornarten, sein Holz ist diesen an Güte nicht überlegen, vielmehr durch seine Sprödigkeit sogar noch geringwerthiger.

Auf günstigem Boden entwickelt sich diese Art zu einem schönen Stamm mit weit ausgebreiteter Krone, deren Blätter infolge der silberfarbigen Unterseite und dem glänzenden Grün der Oberseite bei Sonnenschein prachtvoll aussehen.

Der Anbau kann daher nur für Schönheitsanlagen in Parks oder zu Wegeinfassungen empfohlen werden.

Acer Negundo (Linné).

Oestlicher Eschenahorn. — Boxelder.

Größe der Bestandesflächen 13,92 ha.   Zahl der Anbaureviere: 13.

Im östlichen Nordamerika weit verbreitet, vom Laurentiusfluß bis zum Mississippidelta, nach Westen bis zum östlichen Abhang der Rocky-Mountains reichend. Im Süden wird die Behaarung der Blattunterseite, Blattstiele und jungen Triebe stärker und dauernd, und vermittelt auf diese Weise einen Uebergang zu Negundo californicum (Torrey-Gray). Letztere findet sich im unteren Thal des Sacramento und den Westhängen der Coast Range Berge Californiens.

Acer Negundo erreicht in seiner Heimath eine Höhe bis zu 22 m, während Negundo californicum erheblich kleiner bleibt und nur etwa 12 m hoch wird.

Ersterer beansprucht tiefgründigen und kräftigen Boden, gedeiht auch auf lockerem, anmoorigem Boden gut, für trockene Böden ist er vollkommen ungeeignet. In seiner Heimath findet er sich hauptsächlich in den Flußniederungen.

Acer Negundo entwickelt bereits im ersten Jahr eine bis 50 cm lange Pfahlwurzel, von der mehrere kräftige Seitenwurzeln ausgehen. Pfahl- und Seitenwurzeln sind mit zahlreichen Faserwurzeln besetzt. Späterhin wachsen die Seitenwurzeln stärker zu als die Pfahlwurzeln und erreichen bereits im dritten Jahre Längen bis zu 1,5 m stets mit reicher Entfaltung von Faserwurzeln.

Der Höhenwuchs ist in den ersten Jahren ein außerordentlich lebhafter, Jährlinge werden auf zusagendem Boden in den ersten Jahren bereits bis zu 80 cm, dreijährige Pflanzen bis zu 2 m hoch, zehnjährige Exemplare von 7 m sind nicht selten. Die höchsten der jetzt 20jährigen Pflanzen besitzen eine Höhe von 15 m (Lutau), sonst unter günstigen Verhältnissen eine Höhe von durchschnittlich 11 bis 12 m.

Durchschnittliche Höhenentwickelung der besseren Anlagen:

Alter: Jahre	Mittelhöhe m	Oberhöhe m
5	2,0	3,0
10	5,0	7,0
15	8,0	11,0
20	11,0	15,0

Auf feuchtem Boden gewähren die üppig emporschießenden jungen Individuen mit der reichen Belaubung in den blauweiß bereiften Trieben (namentlich bei der Varietät violaceum) ein prächtiges Bild. Bald wird aber die Krone sperrig, es entwickeln sich mehr starke Seitenäste, so daß der Baum im höheren Alter keineswegs schön aussieht. Die Samenproduktion beginnt sehr frühzeitig, etwa mit dem 8. Jahre und ist sehr reichlich. Nach Sargent soll Acer Negundo kein hohes Alter erreichen.

Lichtholzart, welche unter Ueberschirmung und seitlicher Beschattung im Wuchs zurückbleibt. Bemerkenswerth ist das frühzeitige Ergrünen im Frühjahr.

Große Neigung zur Bildung von Wasserreisern und Stockausschlägen, letztere treten namentlich auf armem Boden unter gleichzeitigem Zurückbleiben und Vertrocknen des Hauptstammes vielfach auf.

Die kräftigen Sämlinge lassen sich einjährig leicht und sicher verpflanzen, ebenso gehen auch verschulte Halbheister gut an.

Wird am zweckmäßigsten einzelständig zwischen anderen Laubholzarten angebaut.

Gegen Frost ist Acer Negundo auf Freilagen ziemlich empfindlich und frieren die jungen Triebe vielfach zurück.

Dem Wildverbiß und Fegen des Rehbocks stark ausgesetzt, ebenso haben Mäuse jüngeren Anlagen viel geschadet.

Aus Grünheide wird berichtet, daß Acer Negundo im Alter von 15 Jahren Krebsstellen zu zeigen beginnt, an welchen 20jährige Chausseebäume bereits eingegangen sind. Zu bemerken ist, daß dort Acer platanoides die gleiche Erscheinung zeigt. Ueberhaupt zeigen die auf Löcherkahlschlägen horstweise angebauten Ahorne im Allgemeinen durchweg ein wenig günstiges Verhalten und ist diese Holzart für Einzelmischung jedenfalls besser geeignet.

Das Holz ist hart, spröde und brüchig, wird in seiner Heimath hauptsächlich als Brennholz und zu Papierstoff verarbeitet, nur selten zu billigen Möbeln und inneren Ausstattung der Wohnungen verwendet.

Acer Negundo war bei den Anbauversuchen wegen seiner Raschwüchsigkeit empfohlen worden, auch hoffte man, daß er noch auf geringem Boden gedeihen würde.

Ergebniß.

Dis bisherigen Erfahrungen haben ebenso wie die inzwischen erfolgten Veröffentlichungen über sein Verhalten in Amerika gezeigt, daß diese

Art weniger leistet als die übrigen bei uns forstlich kultivirten Ahornarten und nach keiner Hinsicht irgend welche Vorzüge besitzt, welche den ferneren Anbau empfehlen. Dieser dürfte daher für forstliche Zwecke einzustellen sein, aber auch aus ästhetischen Rücksichten kann die Anpflanzung von Acer Negundo nicht empfohlen werden, dagegen sind verschiedene gärtnerische Varietäten hierfür sehr geeignet.

Acer saccharinum (Wangenh.)

Acer barbatum (Michaux), Zuckerahorn. — Sugar maple.

Größe der Bestandesfläche 0,20 ha.   Zahl der Anbaureviere: 6.

Weit verbreitet im östlichen Nordamerika, südlich bis Florida, hauptsächlich jedoch im nördlichen Theil heimisch. Wächst hier auf gutem Niederungsboden und beansprucht ebenso auch in Deutschland sehr guten Boden, am besten sagt ihm milder, frischer, kalkhaltiger Lehm zu. Auf strengem Thonboden kommt er nicht fort.

In den östlichen Provinzen Preußens gedeiht der Zuckerahorn noch gut (Bröblauken und Wilhelmsbruch, Rgb. Gumbinnen), dagegen wächst er auf exponirten Hochlagen der westlichen Gebirge nicht.

Acer saccharinum ist in den ersten Jahren langsamwüchsiger als die übrigen Ahornarten, geht aber vom fünften Jahr an ziemlich rasch in die Höhe.

Höhenentwickelung der besseren Anlagen:

Alter: Jahre	Mittelhöhe m	Oberhöhe m
5	1,5	2,5
10	3,5	5,0
15	6,5	8,0
20	10,0	12,0

Als Halbheister und Heister schlank, aber zu Zwieselbildung geneigt.

In der Jugend ist der Zuckerahorn gegen Frost und Dürre empfindlich, weshalb viele Kulturen auf freien Flächen eingegangen sind, andere haben sich erst entwickelt, nachdem durch Anflug oder Stockausschlag von Weichholz und Birken ein wohlthätiges Schutz- und Treibholz herangewachsen war.

Beschattung durch Nebenbestand verträgt er sehr gut und wächst am besten in dichten Unterholz-Horsten.

Mäusefraß ist mehrfach schädlich geworden.

Die Früchte liegen über und besitzen keine sehr große Keimkraft, zur Bestandesanlage eignen sich am besten verschulte Halbheister, welche einzeln oder truppweise in Laubholzkulturen eingemischt werden.

Das Holz des Zuckerahorns wird mehr geschätzt, als jenes einer anderen amerikanischen Ahornart und übertrifft auch das Holz unserer heimischen Ahorne an Güte.

Es ist schwer, spez. Gew. 0,69, hart, fest, dichtfaserig und zäh, hellbraun bis röthlich, besitzt .einen schönen Seidenglanz, nimmt eine prachtvolle Politur an; die Asche ist sehr reich an Kali.

Besonders gesucht ist die prachtvolle Maserbildung „Birds eye maple".

Das Holz des Zuckerahorns findet außerordentlich mannigfaltige Verwendung; zur inneren Ausstattung der Zimmer und Eisenbahnwagen (Pullmann cars), zu Möbeln, Drechslerarbeiten, Schiffskielen ꝛc.

Ergebniß.

Sowohl die neueren Anbauversuche, als auch die alten, über 100 jährigen Bäume, welche schon in Deutschland erwachsen sind, zeigen, daß diese werthvolle Art bei uns gut gedeiht, wenn ihren Ansprüchen bezüglich des Standorts Rechnung getragen wird.

Daß die Versuchskulturen nur einen verhältnißmäßig geringen Umfang besitzen, dürfte hauptsächlich auf die nicht zusagende Begründung in reinen Beständen auf Kahlflächen oder in größeren Horsten zurückzuführen sein. Alle Ahornarten gedeihen besser in Einzelmischung zwischen anderen Laubhölzern, als rein auf größeren zusammenhängenden Flächen.

Mayr sagt über den Zuckerahorn, er sei ein Baum, um den wir allen Grund haben die Amerikaner zu beneiden, so vielseitig nutzbringend, so freudig grün und Schatten spendend im Sommer, so herrlich bunt im Herbst, so hart und widerstandsfähig gegen Frost, Straßenstaub und Kohlendampf.

Der Zuckerahorn ist zum ferneren Anbau sowohl im Wald als auch im Park dringend zu empfehlen.

Betula lenta (Linné).

Hainbirke. — Sweet Birch.

Anbaufläche 8,28 ha. Zahl der Anbaureviere: 17.

Heimisch im östlichen Nordamerika von Neufundland bis Kentucky, liebt frischen kräftigen Boden, gedeiht auch auf mäßigem Sandboden, wenn er noch genügend Frische besitzt; strenger, nasser Boden, Frostsenken, ebenso auch armer und trockener Boden sind ungeeignet. Bei Ortsteinbildung gedeiht sie erst nach dessen Durchbrechung.

In Preußen hat sie sich allenthalben auf den passenden Standorten gut entwickelt. Die Wurzelentwickelung ist verschieden, je nach dem Boden. Auf lehmigem Sandboden bildet sie schon im ersten Jahr eine ziemlich lange Pfahlwurzel, welche ihrer ganzen Länge nach mit gleich langen, reichlich mit Faserwurzeln versehenen Seitenwurzeln besetzt ist. Auf strengem Boden kommt eine Pfahlwurzel nicht zur Ausbildung, die Herzwurzeln bleiben kurz, sind aber ebenfalls reich mit Faserwurzeln besetzt.

Höhenentwickelung der besseren Anlage:

Alter: Jahre	Mittelhöhe m	Oberhöhe m
5	1,5	2,0
10	4,0	5,0
15	7,0	8,5
20	10,5	12,5

In ihrer Heimath wird sie etwa 25 m hoch.

In Oberschlesien (Paruschowitz) befindet sich eine Kultur, in welcher Betula lenta mit Pseudotsuga Douglasii gürtelweise gemischt ist, hier hält erstere mit der bestwüchsigen Douglasia fast gleichen Schritt.

Sie wächst in den ersten Jahren buschig, entwickelt jedoch bald einen deutlich ausgebildeten Schaft, wenn nicht die Beschädigungen von Hasen oder Kaninchen dieses verhindern.

Entschiedene Lichtpflanze, welcher mäßiger Seitenschutz zusagt, während die Einwirkung eines geschlossenen Bestandesrands bereits ungünstig ein= wirkt. Die Anlagen von Hainbirke halten sich gut geschlossen, und reinigt sie sich in diesem Schluß leicht und vollständig von den Aesten.

Betula lenta ist nicht so frosthart wie Bet. alba, sondern verhält sich etwa wie Rothbuche. Spät= und Frühfroste wirken namentlich auf dem ihr ohnehin nicht zusagenden nassen Thonboden schädlich.

Im nördlichen Schleswig (Hadersleben), wo sie im übrigen ganz gut gedeiht, zeigt sich an der Westseite Wipfeltrockniß infolge der Einwirkung des Windes.

In einzelnen Kulturen findet sich eine, wohl durch Pilz veranlaßte Beschädigung, indem an selbst armsdicken Exemplaren etwa 0,5 m über dem Boden die Rinde aufplatzt und die Pflanze dann vertrocknet.

Von Hasen, Kaninchen und Mäusen wird sie wegen des eigenthümlich balsamisch schmeckenden Harzes mit Vorliebe geschält, auch Rehe nehmen die Hainbirke gern an. Ohne Schutz gegen Hasen und Kaninchen sind der= artige Anlagen entweder überhaupt nicht hoch zu bringen oder entwickeln sich nur zu schlechtförmigen Büschen.

Die Aussaat erfolgt zweckmäßig auf nicht umgegrabenem, sondern nur abgeschürftem, frischem, humosem Sandboden. Der Boden wird blos durch= gehackt und vor der Saat festgetreten oder festgewalzt. Die Saat wird als Vollsaat mit 1 kg pro 1 a ausgeführt und nur ganz schwach, etwa 1 mm hoch mit Humus übersiebt. Hierauf wird der Boden nochmals gewalzt und dann bis nach dem Aufgehen mit Reisig überdeckt.

Zur Kultur werden wegen des Wildverbisses zweckmäßig einmal ver= schulte Lohden oder Halbheister verwendet. Die Anlagen auf kleinen Löcher= kahlschlägen sind allenthalben sehr gut gediehen, nach ihrem ganzen Ver= halten dürfte Betula lenta sich aber besser zur Einsprengung in Laubholz= kulturen eignen. Ebenso kann sie mit Vortheil zum Füllen von Lücken in Kiefernstangenorten auf altem Ackerboden benutzt werden.

Das Holz ist sehr fest und hart, von dichtem Gefüge, mit einem spez. Gewicht von 0,76 und deutlich sichtbarem braunen Kern. Die Oberfläche ist seidenartig glänzend und nimmt eine prachtvolle Politur an. Es wird hauptsächlich zu Möbeln und Geräthschaften verwendet, ferner für Schiffs= und Bootbau. Aus dem Holz läßt sich auch ein wohlriechendes Oel destil= liren, welches mit jenem von Gaultheria procumbens identisch ist.

Ergebniß.

Betula lenta gedeiht bei uns gut und verdient wegen ihres vorzüglichen Holzes Berücksichtigung bei forstlichen Kulturen, wo sie namentlich als Mischholzart in Laubholzverjüngungen einzubringen wäre.

Carya.
Hicoria. — Hickory.

Von den 8 Arten der Gattung Carya, welche in Nordamerika vorkommen, sind folgende 5 Arten, die am weitesten nach Norden reichen und in ihrer Heimath besseres Holz liefern, als die im Süden heimischen, bei den Anbauversuchen berücksichtigt worden:

Carya alba mit einer Anbaufläche von 41,50 ha in 35 Versuchsrevieren
Carya amara   =   =   = 12,21 = = 19   =
Carya porcina   =   =   = 3,08 = = 10   =
Carya sulcata   =   =   = 0,43 = = 3   =
Carya tomentosa =   =   = 7,91 = = 13   =

Wie diese Zahlen zeigen, überwiegt Carya alba bei weitem, hat sich am besten bewährt und verdient fernerhin allein noch Berücksichtigung für forstliche Zwecke. Sie wird im Folgenden auch am eingehendsten behandelt werden.

Auf den Versuchsflächen kommen diese verschiedenen Arten öfters vermischt vor, weßhalb zur Erkennung die wichtigsten Kennzeichen nach Blättern und Knospen hier beigefügt sind:

Carya alba: Blätter mit 5 Fiederblättchen, von denen die 3 obersten die größten sind. Blattrand stumpf gesägt, innen behaart, die Blättchen sind oben und unterseits glatt, nur an den starken Rippen finden sich unterseits Haare, ebenso sind auch die jungen Triebe behaart. Endknospen sehr groß, länglich, mit einigen abstehenden braun behaarten Schuppen.

Carya amara: Blätter mit 7 bis 11 Fiederblättchen, nur die Rippen und Blattstiele sind behaart. Charakteristisch sind die gelbgrünen, vierkantigen vom Trieb weggekrümmten Knospen.

Carya porcina: Die Blätter haben 5 bis 7 kahle Fiederblättchen, die Zähne des kahlen Blattrandes sind nach innen gebogen. Junge Triebe unbehaart. Die Knospen sind kurz, eiförmig, mit braunen kahlen Schuppen versehen.

Carya sulcata: 7 bis 9 Fiederblättchen, die drei obersten sind die größten, das ganze Blatt ist bis zu einem halben Meter lang. Knospen ähnlich wie bei alba, junge Triebe jedoch nicht behaart.

Carya tomentosa: Das Blatt ist aus 7 lanzettlichen Blättchen zusammengesetzt; Blätter, Blattstiele und Rippen unterseits weichwollig behaart, ebenso auch die jungen Triebe. Knospen kurz und dick, Knospenschuppen drüsig und filzig behaart.

Bei der Schwierigkeit der Unterscheidung der verschiedenen Carya-Arten in der Jugend erscheinen Verwechselungen bei der Versuchskultur nicht als ausgeschlossen.

Carya alba (Nuttall).

Hicoria ovata (Britton). — Weiß-Hickory. — Shagbark Hickory.

Der Weiß-Hickory ist in den Vereinigten Staaten am meisten verbreitet unter allen Carya-Arten: von Maine bis Florida und Texas sowie vom Atlantischen Ozean bis zur Prärie.

Carya alba verlangt, wie überhaupt alle Carya-Arten, kräftigen, tiefgründigen, frischen und nicht zu strengen Boden, sie gedeihen einerseits noch auf lehmhaltigem Sandboden und andererseits auch auf ziemlich festem Lehm. Kaltgründiger strenger Thonboden ist ihr zuwider.

Im Einzelnen unterscheiden sich die verschiedenen Carya-Arten hinsichtlich der Ansprüche an den Boden dadurch, daß Carya porcina noch mit einem weniger guten, mehr sandigen Boden vorlieb nimmt, Carya tomentosa auch strengeren Boden noch verträgt, während Carya amara das größte Maaß von Bodenfrische liebt und besonders gut in der Nähe von Wasser gedeiht. Ueberschwemmungen werden gut vertragen, aber nicht lange Zeit stagnirendes Wasser.

Alle Carya-Arten verlangen ein hohes Maß von Sonnenwärme, sind aber gegen Winterfrost bei normaler Entwickelung unempfindlich.

Carya alba gedeiht noch ganz gut in dem kontinentalen Klima von Ramuck (Rgb. Königsberg) und Mirau (Rgb. Bromberg), während ihr das kühlere Küstenklima des nördlichen Schleswig (Hadersleben) nicht mehr zusagt. Die beste Entwickelung haben die sämmtlichen Carya-Arten in den Oderauen des Rgb. Breslau sowie in den Mulde- und Elster-Auen des Rgb. Merseburg gefunden. Auch verschiedene Oberförstereien des Berglands der westlichen Regierungsbezirke zeigen ein recht gutes Gedeihen.

Sämmtliche Carya-Arten entwickeln alsbald eine ungemein kräftige Pfahlwurzel, welche im ersten Jahr etwa 30 cm, im zweiten durchschnittlich 50 cm lang wird. Diese ist ihrer ganzen Länge nach mit zahlreichen schwachen Seitenwurzeln und Faserwurzeln bedeckt, weßhalb ein Verpflanzen, wenigstens vom dritten Jahre ab, sehr schwierig wird und namentlich auf nicht sehr günstigem Boden häufig mißlingt.

Das Längenwachsthum ist während der ersten Jahre ein sehr langsames und wird auch da, wo Ueberschirmung nicht verzögernd wirkt, erst vom 6. Jahre ab lebhafter, dann aber sehr energisch. Nachstehende Uebersicht giebt ein Bild des Wachsthumsganges besserer Anlagen.

Alter: Jahr	Mittelhöhe m	Oberhöhe m
5	0,8	1,2
10	2,2	3,5
15	4,0	6,0
20	6,0	9,0

Unter günstigen Verhältnissen erreicht sie eine Höhe von 30 bis 40 m.

Das Dickenwachsthum ist langsam, so hat das Musterstück der Jesup-Collection in einem Alter von 233 Jahren einen Durchmesser von etwa 49 cm bei etwa 2 m über dem Boden. Allerdings sind die innersten 109 Jahresringe äußerst eng, sodaß der Baum bis dahin im Druck erwachsen sein dürfte. Die Splintbreite dieses Stückes beträgt 4,6 cm und umfaßt 47 Jahresringe.

Carya treibt erst spät aus, vollendet aber dann den Längentrieb in verhältnißmäßig sehr kurzer Zeit.

Forstmeister Westermeier theilt hierüber folgende interessante Beobachtung mit: Eine 10 jährige Carya hatte am 15. Mai 1900 noch nicht getrieben und am 8. Juni bereits einen 82 cm langen Höhentrieb entwickelt, also pro Tag 3,5 cm.

Die Nüsse keimen langsam und die Sämlinge erscheinen bei nicht vorgekeimten Nüssen erst im Spätsommer und Herbst, ein sehr erheblicher Prozentsatz liegt über, einzelne Nüsse keimen sogar erst im 3. Jahr. Wenn die Nüsse austrocknen, so verlieren sie ihre Keimkraft vollständig[1]).

Carya alba bedarf in der ersten Jugend des Schutzes und leidet auf großen Kahlflächen durch Frost. Der Schutz kann gegeben werden durch Erziehung in kleinen Löcherkahlschlägen oder unter Schirmbestand, letzterer darf ziemlich dunkel sein, und Forstmeister Westermeier ist der Ansicht, daß sie Jahrelang unter einem Laubholzschirm aushält, unter welchem die gemeine Fichte eingehen würde. Kümmernde Anlagen auf größeren Flächen haben sich erst entwickelt, nachdem sich durch Ausschlag und Anflug von Weichhölzern ein Schutz- und Treibholz entwickelt hatte. Nach meinen Beobachtungen ist die Entwickelung im Schirmschlag günstiger als jene in Löcherkahlschlägen.

Wenn das Jugendstadium überstanden ist, will sie zu ihrer weiteren Entwickelung reichen Licht- und Wärmegenuß haben. In den Oderauen hat sich die Beimischung von Eichen und Eschen in den Lücken der Kulturen als zweckmäßig erwiesen. Diese Mischung ist jedoch nur auf den besten Standorten zu empfehlen, unter Verhältnissen, welche der Carya weniger günstig sind, wird sie von den Eichen überwachsen (Eberswalde) und ist dann verloren.

Besser ist daher die reichliche Einmischung in Buchenverjüngungen, weil man auch bei der Bestandespflege nach Bedarf energischer an die Buche herangeht.

Wo die Sonnenwärme zur Entwickelung der Carya nicht genügt, kann auch durch stärkere Beschirmung nicht geholfen werden, da diese den Nachtheil hat, das Verholzen der Triebe zu verzögern und hierdurch die Frostgefahr zu erhöhen, statt sie zu vermindern.

---

[1]) Sargent: Hickories can be raised from seeds, which should not be allowed to become dry, as they soon lose their power of germination.

2*

Alle Carya=Arten besitzen ein äußerst großes Reproduktionsvermögen und schlagen mit großer Zähigkeit viele Jahre lang immer wieder aus, wenn auch das Stämmchen alljährlich erfriert.

Das Holz ist schwer, spez. Gewicht 0,84, sehr hart, dichtfaserig, zähe und biegsam. Die letzteren Eigenschaften lassen den Anbau dieser Art als besonders empfehlenswerth erscheinen. In ihrer Heimath wird sie zu landwirthschaftlichen Geräthen aller Art, zum Bau von Wagen und Waggons, sowie zu Axtstielen verwandt. Die hohe Brauchbarkeit des Holzes zu Hammerstielen u. s. w. ist auch in Deutschland bereits an verschiedenen Orten den Waldarbeitern bekannt.

Gefährlich und ungünstig für den Anbau hat sich bis jetzt vor allem der Frost während der ersten Lebensjahre erwiesen und zwar sowohl dadurch, daß er in klimatisch ungünstiger gelegenen Gegenden durch Spät=, Früh= und Winterfrost den Anbau unmöglich machte, als auch durch die Gefährdung der Kulturen selbst in wärmeren Lagen, wenn der Anbau nicht zweckmäßig erfolgte.

Am unangenehmsten ist die späte Entwickelung der Sämlinge, welche häufig erst im Spätsommer zum Vorschein kommen und dann, nicht genügend verholzt, den Frühfrösten und Winterfrösten zum Opfer fallen. Im nächsten Frühjahr schlagen die Stämmchen zwar aus, sind aber schwächlich, werden durch Spätfrost wieder beschädigt und so weiter, daß man oft das traurige Bild von 10jährigen Kulturen sehen kann, welche kaum 30 cm hoch sind!

Während Standorte mit zu geringer Sonnenwärme und kurzer Vegetationszeit für den Anbau dieser anspruchsvollen Holzart nicht weiter in Betracht kommen können, läßt sich die zuletzt erwähnte Gefahr in sonst geeigneten Oertlichkeiten durch das gleich näher zu besprechende Vorkeimen entweder ganz beseitigen, oder doch wenigstens sehr erheblich vermindern.

Unter normalen Verhältnissen ist die Spätfrostgefahr für Carya wegen des späten Austreibens geringer als bei unseren Laubhölzern, ebenso ist sie hier wie die übrigen Carya=Arten durchaus hart gegen Winterfröste.

Von Thierbeschädigungen sind in erster Linie das Ausscharren, Verschleppen und Verzehren der theuren Nüsse bemerkenswerth, hieran haben sich betheiligt: Dachs, Wildschwein, Eichhörnchen, Mäuse, Krähen, Nußhäher und Dohlen.

An den Pflanzen haben Mäuse an manchen Orten erheblichen Schaden verursacht. Bei starker Beschädigung hat sich hier (Freienwalde) als zweckmäßig erwiesen, die Pflanzen auf den Stock zu setzen und mit Erde zu behäufeln, worauf sich sehr gute Ausschläge entwickelten.

Wild wird nur in den ersten Jahren durch Abschneiden Seitens der Hasen und Kaninchen schädlich. Hasen und Rehe verbeißen die jungen Triebe im Juni mit Vorliebe, späterhin bleibt Carya alba (ebenso auch die übrigen Carya=Arten) vollkommen verschont.

Als Feinde aus der Insektenwelt sind zu nennen: Engerling, Elater marginatus und Strophosomus Coryli.

Um die ungünstigen Folgen des späten Auflaufens der Nüsse zu vermeiden, ist das Vorkeimen[1]) dringend zu empfehlen.

Dieses geschieht in folgender Weise: Auf nicht zu schwerem Boden werden Erdgruben von entsprechender Länge und 80 cm Breite und Tiefe ausgehoben.

In diesen werden die Nüsse etwa 30 cm hoch aufgeschüttet, so reichlich mit Wasser überschüttet, daß dieses ein wenig darübersteht, dann mit Stroh leicht überdeckt, hierauf kommt zuerst eine 30 cm hohe Erdlage und sodann eine 50 cm starke Schicht von Pferdedünger.

Bei sehr schwerem Boden werden die Nüsse nicht in Gruben, sondern über dem Boden eingeschlagen (Oberförster Gericke in Hambach). Man bringt hier auf den Boden zunächst eine dünne Lage Pferdedünger, hierauf Nüsse mit feinem Sand vermischt, sodann wird Pferdedünger aufgebracht und so schichtenweise fort. Bei Eintritt strenger Kälte werden diese Haufen mit Stroh und Laub bedeckt.

Um die Keimung zu beschleunigen, ist es zweckmäßig, die Nüsse von Zeit zu Zeit mit verdünnter Jauche zu übergießen.

Die so behandelten Nüsse keimen Ende Mai oder Anfang Juni, sodaß die jungen Pflanzen noch genügend verholzen können.

Zur Bestandesanlage kann man die Saat auf 40 cm breiten rajolten Streifen verwenden oder die Pflanzung 1 bis 2jähr. Sämlinge. Die Saat- und Pflanzstreifen müssen einige Jahre behackt werden. Nach den früheren Ausführungen erfolgen diese entweder in 5 bis 10 a großen Löcherkahlschlägen oder in Schirmschlägen.

Weichhölzer und Schlagunkräuter, welche sich auf den Kulturen einfinden, sind zu belassen, soweit sie nicht die Carya-Pflanze zu verdämmen drohen. Die Mischung mit einheimischen, schattenertragenden Holzarten ist zweckmäßig.

Da Carya alba in den ersten Jahren ziemlich viel Schatten verträgt und vor dem 6. Jahre überhaupt kein lebhaftes Längenwachsthum zeigt, so braucht die Lichtung und Räumung des Schirmbestandes nicht beeilt zu werden und zwar umso weniger, als die Carya-Arten sehr unempfindlich gegen Fällungsbeschädigungen sind.

Ergebniß.

Carya alba ist zwar anspruchsvoll hinsichtlich des Bodens und Klimas, immerhin sind aber in Norddeutschland große Bezirke vorhanden, in welchen sie sich bei richtiger Behandlung und Berücksichtigung ihrer Ansprüche und Eigenschaften mit gutem Erfolg anbauen läßt. Wegen ihres vortrefflichen

---

[1]) Zuerst von Oberförster Brecher in Zöckeritz angewandt.

und sehr hochwerthigen Holzes, von welchem in Amerika nur noch geringe Vorräthe vorhanden sind, wäre ihrem Anbau größere Aufmerksamkeit zuzuwenden, als es in den letzten Jahren geschehen ist.

Hervorzuheben ist noch, daß viele Anlagen von Carya alba (und noch mehr von C. porcina) wegen der langsamen Jugendentwickelung, namentlich auf Kahlflächen, als aussichtslos aufgegeben wurden, sich aber später, wenn andere Holzarten die Rolle eines Schutz- und Treibholzes übernahmen, ganz gut entwickelten, soweit nicht die Pflege gegen das Verdämmen fehlte.

Carya amara (Nuttall).

Hicoria minima (Marsh.) — Bitternuß. — Bitternut.

Ihr Verbreitungsgebiet reicht von allen Carya-Arten in ihrer Heimath am weitesten nach Norden. Sie bewohnt feuchte und fruchtbare Standorte an den Ufern der Ströme und Flüsse und zeigt ihre beste Entwicklung auf dem reichen Alluvium des Ohio-Beckens.

Bezüglich ihrer Entwicklung in der ersten Jugend besteht gegenüber Carya alba der Unterschied, daß ihr Längenwachsthum sofort energisch einsetzt, sie schien deshalb für deutsche Verhältnisse besser geeignet, als die zunächst klein bleibende Carya alba. Letztere holt sie aber etwa mit dem 20. Jahre ein, wie nachstehende Zusammenstellung ersehen läßt:

Alter: Jahre	Carya amara m	Carya alba m
4	1,8	0,8
10	6,0	5,0
12	7,0	6,0
18	9,0	9,0

In Uebereinstimmung mit dem Gang des Höhenwachsthumes beansprucht C. amara auch schon in den ersten Jahren ein höheres Maß von Lichtgenuß als C. alba.

Das Holz der Carya amara ist erheblich leichter als jenes von C. alba (spez. Gew. 0,76) und besitzt namentlich bei Weitem nicht jenes Maß von Zähigkeit und Biegsamkeit, welches C. alba auszeichnet und deren Anbau empfiehlt. Während 3 bis 4 cm starke Stamm- und Aststücke von C. alba sich in Form ganz enger Reifen biegen lassen, ohne zu knicken, bricht ein gleichstarkes Stück von C. amara ebenso leicht, wie z. B. Rothbuche.

Ergebniß.

Mit Rücksicht auf die auch in Amerika bekannte Geringwerthigkeit des Holzes von C. amara gegenüber den übrigen Carya-Arten ist ihr Anbau nicht weiter fortzusetzen.

Carya porcina (Nuttall).

Hicoria glabra (Mill.) — Schweinsnuß-Hickory. — Pignut.

In den Vereinigten Staaten verbreitet vom südlichen Maine bis Kansas und Texas; sie wächst hier auf weniger gutem Boden, trockenen Rücken und steinigen Abhängen, sogar auf Sandboden. Die Jugendentwicklung ist ebenso wie bei Carya alba, welcher sie auch an Güte des Holzes gleichsteht.

Die Beobachtungen während der Versuchsperiode haben besondere Unterschiede gegenüber alba nicht ergeben, die 12 bis 15jährigen Anlagen zeigen die gleichen Höhen wie letztere. Anscheinend ist C. porcina Spätfrösten mehr ausgesetzt als alba.

Carya sulcata (Nuttall).

Hicoria laciniosa (Michaux). — Großfrüchtige Hickory. — Shellbark Hickory.

Im Flußgebiet des Mississippi und Ohio auf reichem, tiefem Schwemmland vorkommend, welches jährlich einige Wochen unter Wasser steht.

Dieses Vorkommen zeigt bereits, daß in Norddeutschland nur wenig Gelegenheit zum Anbau sein dürfte. Thatsächlich hat sie sich nur an zwei Stellen, nämlich in den Oberförstereien Steinspring (Rgb. Frankfurt) und Carlsbrunn (Rgb. Trier) in gutem Zustand erhalten und Höhen erreicht, welche jenen von C. alba gleichkommen.

Unter diesen Verhältnissen kann der fernere Anbau dieser Art für Norddeutschland nicht empfohlen werden, obwohl ihr Holz das biegsamste und zäheste aller Carya-Arten ist.

Carya tomentosa (Nuttall).

Hicoria alba (Linné). — Spottnuß-Hickory. — Mockernut.

Im Norden der Vereinigten Staaten selten, hauptsächlich im Südwesten bis Florida und Texas verbreitet; sie kommt sogar in den Kiefernwaldungen des Südens vor. C. tomentosa wächst meist an fruchtbaren Berghängen, selten auf Schwemmland.

Die Erfolge des Anbaues sind zwar günstiger als jene mit C. sulcata, das Höhenwachsthum entspricht jenem von C. alba (mit 12 Jahren 4 m, mit 15 Jahren 5 m und mit 17 Jahren 8 m), die Beschädigungen durch Frost sind jedoch erheblicher als bei letzterer Art. In den Oberauen (Ohlau) hat sich C. tomentosa von allen Arten am schlechtesten entwickelt, in höheren Lagen, so z. B. in Johannisburg (Westerwald), finden sich gut gedeihende Anlagen.

Das Holz ist ebenso gut wie jenes von C. alba und wird häufig mit diesem verwechselt.

Mit Rücksicht auf die klimatischen Verhältnisse ihrer Heimath und den im Ganzen nur mittelmäßigen Erfolgen der Anbauversuche kann C. tomentosa zum weiteren Anbau in Norddeutschland ebenfalls nicht empfohlen werden.

Catalpa speciosa (Warder).

Westliche Catalpa. — Hardy Catalpa.

Anbaufläche 1,81 ha. Zahl der Versuchsreviere: 8.

In den Vereinigten Staaten eine Bewohnerin des fruchtbaren, oft überschwemmten Inundationgebietes der großen Ströme, namentlich des

Missouri und Mississippi, am besten entwickelt im südlichen Illinois und Indiana.

Leider findet diese Holzart in Norddeutschland nur an sehr wenig Orten noch die zu ihrer Entwicklung nöthige Wärme. Von allen Anbau= revieren meldet blos Grünewalde (Reg.=Bez. Magdeburg) in der Elbaue ein einigermaßen befriedigendes Gedeihen der an geschützten Orten angebauten Catalpa, während diese auch in Oberförstereien, wo die sonstigen hinsichtlich des Klimas anspruchvollsten der Fremdländer gut gedeihen, wie Diez, Siebengebirge, Homburg, alljährlich nicht nur durch Erfrieren der Triebspitzen, sondern auch sogar vielfach durch Beschädigung der stärker verholzten Stamm= theile selbst bei mittleren Kältegraden leiden; in sehr strengen Wintern er= friert sie häufig bis zum Wurzelknoten.

Die Pflanzen suchen den verloren gegangenen Gipfel durch Austreiben der tiefer gelegenen Knospen zu ersetzen und erreichen so bei ihren langen Jahrestrieben doch schon ziemlich erhebliche Längen, mit 7 Jahren bis zu 4 m, mit 10 Jahren bis zu 6 m bei allerdings ziemlich sperrigem Wuchs. Mit zunehmendem Alter verholzt der Stamm immer mehr, ebenso entwachsen sie der Region der Spätfröste, daß doch in geschützten warmen Lagen namentlich bei einem geeigneten Bestandesschutze zwischen Rothbuchen oder auch Eichen einzelne Exemplare wenigstens erhalten werden.

Das Holz ist zwar leicht, aber sehr dauerhaft, besonders im Boden, weshalb es mit Vorliebe zu Bahnschwellen und Zaunpfosten verwendet wird.

In ihrer Heimath erlangt Catalpa bereits in einem Alter von 25 bis 30 Jahren die hiezu nöthige Stärke.

Der Samen besitzt meist große Keimkraft, die Sämlinge werden schon im ersten Jahre bis zu 30 cm hoch und können entweder verschult oder sofort ins Freie verpflanzt werden.

Catalpa ist zwar lichtbedürftig, verlangt aber Seitenschutz sowohl wegen der Frostgefahr, als wegen der Neigung zur Astbildung. Sie wird am besten als zweijährige verschulte Pflanze einzeln oder in kleinen Gruppen in Buchen= oder Eichenverjüngungen angepflanzt.

Catalpa speciosa wird von allem Wild angenommen und von Mäusen mit Vorliebe am Wurzelknoten geschält.

Ergebniß.

Leider kann diese sehr raschwüchsige und in Amerika wegen ihres dauer= haften Holzes geschätzte Holzart zum forstlichen Anbau in Norddeutschland, wenigstens in großem Umfang, nicht empfohlen werden, da hier die nöthige Wärme fehlt. Man kann nur den Versuch machen, an einzelnen, klimatisch ganz bevorzugten Orten Catalpa in beschränktem Umfang den Laubholzver= jüngungen beizumischen.

Cercidiphyllum japonicum (Sieb. et Zucc.).

Cercidiphyllum. — Kádsura.

Anbaufläche 0,10 ha.   Zahl der Versuchsreviere: 2.

Einer der größten sommergrünen Bäume Japans, besonders charakteristisch für die Insel Eso, wo er auf frischem, kräftigem Boden in warmen Flußthälern eine Höhe bis zu 36 m erreicht. Bildet manchmal einen astreinen Schaft bis auf 15 m, meist gehen aber mehrere Schäfte von einem kurzen gemeinsamen Stamm aus, welcher sich frühzeitig theilt.

Da der sehr kleine Samen bei seiner Ankunft in Europa nur geringe Keimkraft besaß, so sind von dieser Holzart nur 2 Versuchsflächen in der Oberförsterei Freienwalde und Siebengebirge (Rgb. Köln) angelegt.

Das Klima ist hier bis jetzt gut vertragen worden, die Winterkälte schadet selbst in ungeschützten Lagen nicht, Cercidiphyllum treibt gern frühzeitig aus, allein die dünnen Blätter leiden unter leichtem Frost nicht. Frischer kräftiger Lehmboden und in der Jugend Seitenschutz sind zum Gedeihen erforderlich.

Das Wurzelsystem besteht aus vielen kräftigen Seiten und sehr zahlreichen, äußerst feinen Faserwurzeln. Mit Rücksicht auf letztere ist beim Verpflanzen große Vorsicht zur Vermeidung des Austrocknens erforderlich, auch dürfen die Pflanzen hierbei nicht ins Wasser gelegt werden, um das Zusammenkleben zu vermeiden.

Der Höhenwachsthum ist lebhaft, fünfjährige Pflanzen sind bis 3,5, zehnjährige bis 6,5 m hoch und haben eine Mittelhöhe von 4 m.

Die zahlreichen schlanken und aufwärts gerichteten Seitentriebe verleihen der Pflanze das Aussehen der Pyramidenpappel. Sargent ist der Ansicht, daß diese Zweige den Schaft gegen direkte Bestrahlung schützen sollen. Die Neigung des Stammes, sich in mehrere Schäfte zu theilen, tritt sehr frühzeitig hervor.

Bemerkenswerth ist die außerordentlich mannigfaltige und sehr schöne Färbung, welche das Laub während der Vegetationsperiode annimmt. Auf das zarte Rosa der jungen Blättchen folgt ein bläuliches Grün, welches im Herbst in Stahlblau und schließlich in Purpurroth übergeht.

Das Holz ist geradfaserig, mild, hellgelb, und sehr geschätzt, namentlich zur inneren Ausstattung der Gebäude und zum Bau von Canoes, spez. Gew. 0,54.

Die Aussaat des kleinen Samens hat auf lockerem, sorgfältig bearbeitetem Boden ähnlich wie bei Birke und Erle zu erfolgen, die Sämlinge sind gegen Frost und Hitze durch angemessene Bedeckung zu schützen.

Die 5 bis 6jährigen verschulten Pflanzen werden am besten in Laubholzverjüngungen eingesprengt.

Beim Anbau in Löcherkahlschlägen empfiehlt es sich zwischen je eine Reihe Cercidiphyllum zwei Reihen Eichen auf Rajolfläche zu pflanzen.

Ergebniß.

Mit Rücksicht auf das werthvolle Holz dürfte Cercidiphyllum auf gutem Boden in nicht zu rauher Lage auch fernerhin in beschränktem Maß anzubauen sein.

Wegen der geradezu wunderbaren Verfärbung des Laubes eignet sich diese Art sehr gut für Parks und Verschönerungsanlagen.

Chamaecyparis Lawsoniana (Parl.).

Lawson's Cypresse. — Port Oxford Cedar.
Anbaufläche 12,67 ha. Zahl der Versuchsreviere: 26.

Die Lawson's Cypresse besitzt in Amerika nur beschränkte Verbreitung, indem sie lediglich an der Westküste Californiens und des südlichen Oregons vorkommt. Sie entfernt sich nicht weiter als etwa 60 km von der Küste, in den Thälern des Küstengebirges steigt sie bis zu 500 m an, im Osten der Vereinigten Staaten zeigt sie nur schlechtes Gedeihen.

Umso auffallender und gleichzeitig angenehmer ist es, daß dieser werthvolle Baum in Norddeutschland auf geeignetem Boden allenthalben sehr gut gedeiht. Noch im äußersten Nordosten (Ramuck, Rgb. Königsberg) wächst sie vorzüglich, ganz hervorragendes Gedeihen habe ich auf den Hochlagen der Eifel (Daun) gefunden und in den höchsten Lagen des Sauerlandes (Glindfeld bis 600 m) hat sie sich als vollständig frosthart erwiesen.

In ihren Ansprüchen an den Boden steht sie etwa der Rothbuche gleich, frischer, milder, humoser Lehmboden oder doch wenigstens lehmiger Sandboden sind zu ihrem guten Gedeihen erforderlich. Mit der Rothbuche theilt sie auch die Vorliebe für Kalk und zwar scheint dieser namentlich das Stärkenwachsthum zu fördern. Während das Höhenwachsthum auf den zusagenden Standorten überall annähernd gleichmäßig war, habe ich die stärksten Exemplare, bis zu 18 cm in Brusthöhe, stets auf kalkhaltigem Boden getroffen, so namentlich in Daun (Basalt) und Ziegelroda (Abschwemmung von Muschelkalk), unter ähnlichen Verhältnissen gedeiht sie auch in Bischofswalde vorzüglich.

Trockener Boden und Kahlflächen sind ihr unangenehm.

Das Wurzelsystem besteht aus wenigen starken Herzwurzeln mit ungemein vielen äußerst feinen Faserwurzeln, welche beim Verpflanzen leicht vertrocknen. Die mangelhafte Ausbreitung des Wurzelsystems bleibt auch späterhin bestehen, weshalb sie bei starker Schneebelastung leicht umgedrückt wird.

In den ersten Jahren kann Cham. Lawson. ziemlich viel Schatten vertragen, Halbschatten liebt sie auch späterhin und Seitenschatten ist ihr stets zuträglich.

Die Reinigung von den allerdings nur ziemlich schwachen und kurzen Zweigen vollzieht sich auch im engen Schluß zwischen Rothbuche nur langsam.

Dickungen von Cham. Lawson. machen infolge der kurzen, horizontal gestellten Aeste einen von allen übrigen Holzarten abweichenden Eindruck, indem die einzelnen Exemplare sich alle gesondert repräsentiren.

In den beiden ersten Lebensjahren bleiben die Pflänzchen ungemein schwach, einjährige Pflanzen werden etwa 3, zweijährige 10 cm lang, vom 4. Jahr geht die Höhenentwickelung lebhafter vor sich und scheint das Maximum des Höhenzuwachses erst etwa im 20. Jahre einzutreten, wie nachstehende Zusammenstellung zeigt:

Alter: Jahre	Mittelhöhe m	Oberhöhe m
5	0,5	0,7
10	2,5	4,0
15	5,0	8,0
18	7,0	11,0

Unter den günstigsten Verhältnissen wird sie in ihrer Heimath über 60 m hoch, bis 45 m astrein und bis 3 m stark.

Das Reproduktionsvermögen ist ziemlich bedeutend.

Der Stamm hat große Neigung zu Seitentrieben, welche vom Wurzelhals ausgehen und säbelförmigen, ja bisweilen förmlich strauchartigen Wuchs veranlassen. Die Nebentriebe können anstandslos entfernt werden und ist diese Maßregel zur Ausbildung eines guten Schaftes nothwendig.

Etwa mit dem 12. Jahr beginnt Cham. Lawson. zu blühen und liefert auch alsbald keimfähigen Samen.

Das Holz hat schmalen gelben Splint und etwas dunkleren Kern, ist leicht, spez. Gew. 0,6, fest, doch sehr dauerhaft, auch im Boden, leicht zu bearbeiten mit seidenartig glänzender Oberfläche, welche sich leicht poliren läßt. Das Holz wird zur inneren Ausstattung der Häuser, Vertäfelung und Dielung verwendet und sehr geschätzt, Sargent bezeichnet Cham. Lawson. als die werthvollste Cupressinee.

Bemerkenswerth ist der starke Oelgehalt des Holzes, welches ihm einen dauernden, süßlichen Geruch verleiht, aber auch als starkes Abführmittel wirkt.

Cham. Lawson. ist empfindlich gegen Dürre, sowie gegen kalte austrocknende Winde in Freilagen, abgesehen von solchen aber nach Ueberwindung des ersten Jugendstadiums als frosthart zu bezeichnen.

Feinde aus der Thierwelt sind nicht zu nennen, vom Wild wird sie nicht verbissen, nur vom Rehbock gefegt.

Der Mensch schadet durch die Entwendung von Zweigen für Kränze, doch ist Cham. Lawson. auch hiergegen ziemlich unempfindlich, wenn das Abschneiden der Zweige nicht an zu jungen Pflanzen und im Uebermaß geschieht.

Am gefährlichsten haben sich bis jetzt Pilzkrankheiten gezeigt und zwar einerseits Agaricus melleus und andererseits eine Pestalozzia (P. funerea?) welche die Zweige befällt und einzelne, hervorragend schöne Kulturen (Daun!)

faſt vollſtändig vernichtet hat. Glücklicherweiſe iſt die Zahl der ſo befallenen Anlagen eine nur beſchränkte!

Die Pflanzenerziehung erfolgt auf unkrautfreiem, nicht zu ſchwerem Boden, am beſten im Seitenſchutz eines Altbeſtandes.

Die kleinen Samen werden als Vollſaat eingebracht und die zarten Keimlinge gegen Dürre und Froſt ſorgfältig gedeckt. Auch im erſten Winter ſind die Saatbeete gegen Kälte und Auffrieren durch Ueberſtreuen mit Nadeln zu ſchützen.

Zur Beſtandesanlage werden zweckmäßig verſchulte 4 bis 5jährige Exemplare verwendet, beim Verpflanzen müſſen die Wurzeln ſorgfältig gegen Austrocknen geſchützt werden.

Gegen zu tiefes Einſetzen ſind die Pflanzen empfindlich.

Reine Anlagen von Cham. Lawson. auf Kahlflächen ſind nicht zu empfehlen, ſondern Kulturen auf etwa 10 a großen Löcherkahlſchlägen oder Einzeleinſprengung bezw. gruppenweiſe Miſchung in Laubholzverjüngungen, doch muß ſie wegen der langſamen Entwickelung bereits in den erſten Stadien der Verjüngung eingebracht werden. Bei größeren Anlagen erſcheint die Beimiſchung eines Schutz= und Treibholzes zweckmäßig.

Ergebniß.

Die Verſuche haben gezeigt, daß Cham. Lawson. im deutſchen Wald an vielen Stellen die Bedingungen für gedeihliches Wachsthum findet. Das vortreffliche Holz, welches durch keine verwandte heimiſche Art geliefert wird, läßt ihren ferneren Anbau in größerem Maßſtab auf geeigneten Stand= orten als wünſchenswerth erſcheinen.

Chamaecyparis obtusa (Sieb. et Zucc.).
Sonnen=Cypreſſe. — Hinoki.
Anbaufläche 4,03 ha. Zahl der Verſuchsreviere: 14.

Heimath: Japan zwiſchen dem 30. bis 38. (beſ. 34. bis 38.) Breiten= grade, wo ſie in Höhen von 600 bis 900 m gewöhnlich auf Nordabhängen und Granitboden vorkommt.

Nach Ueberwindung des erſten Jugendſtabiums in Norddeutſchland nur in Freilagen gegen Winterfröſte empfindlich. Spätfröſte ſchaden nicht, gelegentlich aber Frühfröſte, da ſie bis ſpät in den Herbſt hinein wächſt.

Verlangt friſchen, lockeren und kräftigen Boden, meidet trockene Lagen und kalte, naſſe Stellen. Sie gedeiht alſo gut auf den beſſeren Buchen= und Eichenſtandorten, aber auch auf den beſten Kiefernböden.

Das Wurzelſyſtem beſteht aus einer Herzwurzel mit mehreren ziemlich tief ſtreichenden Nebenwurzeln.

Die Entwickelung von Cham. obtusa iſt in den erſten beiden Jahren eine ſehr langſame, dann wächſt ſie aber freudig weiter, wie nachſtehende Zuſammenſtellung zeigt:

Alter: Jahre	Mittelhöhe m	Oberhöhe m
5	0,5	1,0
10	1,7	2,7
15	3,3	4,5

In der Heimath wird die Sonnen-Cypresse 40 und ausnahmsweise sogar 48 m hoch.

Beschirmung wird nur in der Jugend vertragen und wirkt sehr verzögernd auf das Wachsthum, Seitenschutz ist dagegen willkommen.

In sonnigen Lagen beginnt sie mit dem 10. Jahre Samen zu tragen, doch ist dieser im Anfang meist taub.

Das Holz von Chamaecyparis obtusa wird von Mayr und Sargent außerordentlich gerühmt. Letzterer sagt, daß in Nordamerika (trotz des Reichthums an Arten!) nur jenes von Chamaecyparis Lawsoniana und Nutkaënsis ihm an Werth gleichkommt.

Das Holz ist hellfarbig, geradfaserig, leicht, fest und zähe, auffallend frei von Astknoten, läßt sich außerordentlich leicht bearbeiten und besitzt ein wunderbar glänzendes Aussehen. Es wird namentlich zur Herstellung der Lackwaaren sowie zur inneren Ausstattung feiner Häuser verwendet. Spez. Gew. 0,36.

Von den Feinden aus dem Thierreich werden die Mäuse am gefährlichsten, welche in vielen Kulturen erheblichen Abgang veranlaßt haben. Hasen schneiden die jungen Pflanzen ab.

Der Rehbock fegt an den Pflanzen, wogegen das Anhängen von Papierstreifen, welche mit der Mischung von Ochsenblut und Dünger bestrichen sind, schützt.

Pestalozzia (spec?) sucht bisweilen auch diese Art heim.

Die Chamaecyparis-Arten, ebenso Cryptomeria und Thujopsis nehmen, namentlich in der Jugend während des Winters eine intensive blaurothe bis rothe Färbung an. Die betr. Pflanzen gelten als die härtesten, jene dagegen, welche grün bleiben, als frostempfindlich. Im Frühjahr kehrt alsdann die normale grüne Farbe zurück.

Wegen der Empfindlichkeit der jungen Pflanzen gegen Hitze und Frost sowie wegen ihrer Langsamwüchsigkeit erfordert die Erziehung ein ziemliches Maß von Sorgfalt. Die Saatbeete müssen auf nicht zu schwerem Boden im Schutz eines Altbestandes angelegt werden. Der sehr feine Samen wird breitwürfig ausgesät, nur leicht mit den obersten Bodenschichten gemischt und dann angewalzt. Gegen das Austrocknen werden die Beete durch Belegen mit Reisig oder durch Schattengitter geschützt. Die zarten Keimlinge sind vor direkter Insolation sorgfältig zu bewahren.

Im ersten Jahre werden die schwachbleibenden Pflanzen etwa 5 cm hoch und verlangen im Winter Schutz durch Fichten- oder Weymouthskiefern-Nadeln. Auch im zweiten Jahre ist noch Schutz gegen starke Insolation und Winterfrost, wenn schon im geringeren Maß, erforderlich.

Zu Freikulturen eignen sich nur verschulte 4 bis 5jährige Pflanzen.

Die Bestandesanlage erfolgt am zweckmäßigsten durch gruppen= und truppweise Einsprengung in die Laubholzverjüngungen nach dem Abtrieb der Samenbäume. Auch Löcherkahlschläge von 10 a Größe eignen sich zum Anbau von Cham. obt. am besten in Mischung mit Fichten oder Buchen.

Auf kahlen, der Sonne und den Ostwinden ausgesetzten Schlagflächen gedeiht Cham. obtusa ebensowenig wie Ch. pisifera und Lawsoniana.

Ergebniß.

Mayr hat seinerzeit die Sonnen=Cypresse zum Anbau in Deutschland wegen der hervorragenden Güte ihres Holzes empfohlen und dabei die Ansicht ausgesprochen, daß dieser werthvolle Nutzbaum in Deutschland über= all da gedeihen dürfte, wo die Eiche wächst, die wärmsten Lagen müßten geradezu das Optimalgebiet werden, wenn die relative Feuchtigkeit während der Vegetationszeit genügt.

Die Erfahrung hat diese Annahme bis jetzt bestätigt, Chamaecyparis obtusa gedeiht sogar noch in Ostpreußen (Ramuck und Foedersdorf, Rgb. Königsberg) recht gut, wenn die entsprechenden Bodenarten und Formen des Anbaus gewählt werden. Unter diesen Umständen ist dem forstlichen An= bau dieser werthvollen Nutzholzart auch fernerhin besondere Aufmerksamkeit zuzuwenden.

Chamaecyparis pisifera (Sieb. et Zucc.).
Erbsenfrüchtige Cypresse. — Sawara.
Anbaufläche 2,02 ha. Zahl der Versuchsreviere: 13.

In Japan heimisch und dort ebenso verbreitet wie Cham. pisifera, mit welcher sie häufig in gemischten Beständen vorkommt[1]), nach Mayr be= ansprucht sie etwas wärmere Lagen als diese.

Hinsichtlich der Ansprüche an das Klima hat sich bei den Anbau= versuchen ein durchgreifender Unterschied gegenüber Cham. obtusa nicht

---

[1]) Infolge dieses Vorkommens waren auch die Samen von Cham. pisifera und obtusa häufig gemischt, da sich die Pflanzen beider Arten in den ersten Jahren sehr ähnlich sehen, sind mehrfach Verwechselungen und Mischkulturen vorgekommen. Die Unterscheidungsmerkmale nach den Blättern sind folgende:

Cham. obtusa: Blätter kreuzweise gegenständig, dachziegelig, dicklich, die der Breitseiten kleiner, angedrückt, fast bis zur Spitze angewachsen, eirund, rhombisch, stumpflich, auf dem konvexen Rücken mit einer rundlichen Drüse, oberseits hellgrün glänzend, unterseits mit silberweißen Spaltöffnungslinien bezeichnet. Die Randblätter eirund länglich, fast sichelförmig, an der Spitze frei zugespitzt.

Cham. pisifera: Blätter kreuzweise gegenständig, vierfach dachziegelig, die der Breitseiten eirundlanzettlich, unten angewachsen, an der Spitze abstehend scharf zugespitzt, oberseits konvex, glänzend und auf dem Rücken mit einer länglich= linealen Drüse versehen, unterseits mit zwei silberweißen Spaltöffnungslinien ge= zeichnet. Die Randblätter kahnförmig gekielt, eirund oder länglich lanzettlich, oben abstehend, scharf zugespitzt.

herausgestellt, sie findet wenigstens auch noch in Ostpreußen die zu ihrer Entwickelung nöthige Wärme. Winterkälte von —22° C. hat sie in Freilagen ohne Schaden vertragen, gegen Spätfröste ist sie durch spätes Austreiben geschützt, da sie im Herbst das Wachsthum zeitig einstellt, so erscheint Cham. pisifera auch gegen Frühfröste weniger empfindlich, als Cham. obtusa.

An den Boden stellen beide Arten im Wesentlichen die gleichen Ansprüche und ist Cham. pisifera ebenfalls empfindlich gegen Trockenheit des Bodens und der Luft.

Das Wurzelsystem besteht aus Seitenwurzeln, welche mit einer reichlichen Menge von Faserwurzeln bedeckt sind, aber selbst bei stark gelockertem Boden nur wenig in die Tiefe gehen.

In der Jugend wächst Cham. pisifera rascher wie Cham. obtusa, was nachstehende Darstellung ihres Höhenwachsthumes im Vergleich zu jenem von obtusa ersehen läßt.

Alter: Jahre	Mittelhöhe m	Oberhöhe m
5	0,6	1,4
10	2,0	3,0
15	4,0	6,0

Im späteren Alter gleicht sich dieser Unterschied wieder aus und erreichen die beiden japanischen Chamaecyparis-Arten dieselben Höhen.

Gegen Ueberschirmung ist Cham. pisifera empfindlich, dagegen liebt sie Seitenschatten, verträgt aber bei frischem Boden auch Freistand.

In sonnigen Lagen und unter günstigen Verhältnissen blüht die Pflanze ebenso wie Cham. obtusa bereits im 10. Jahre, hat aber bis zum 14. Jahre nur taube Samen erzeugt.

Das Holz ist röthlich gelb im Kern, hellgelb im Splint, grobfaserig, jedoch gleichmäßig gewachsen und leicht zu bearbeiten. Es wird weit weniger geschätzt als jenes von Cham. obtusa und besonders zu Böttcherwaaren verarbeitet. Spez. Gew. 0,28.

Wegen der flachen Bewurzelung ist die Schneedruckgefahr erheblich.

Mäuse haben sich auch hier recht unangenehm bemerklich gemacht.

Der Rehbock fegt an Cham. pisifera ebenfalls, dagegen wird sie von Rehen und Hasen anscheinend nicht beschnitten.

Bezüglich der Pflanzenerziehung und des Anbaues im Freien kann auf das bei Cham. obtusa Gesagte verwiesen werden.

Ergebniß.

Chamaecyp. pisifera gedeiht in Norddeutschland gut und ist anscheinend von den drei bei den Anbauversuchen berücksichtigten Chamaecyparis-Arten die widerstandsfähigste gegen Winterfrost. Hinsichtlich der Höhenentwickelung in der Jugend steht sie zwischen Cham. obtusa und Lawsoniana in der Mitte. Dagegen ist ihr Holz das geringwerthigste von den drei besprochenen Arten.

Da die Güte des Holzes den Grund des Anbaues dieser Arten in den deutschen Forsten bildet, so ist Cham. pisifera jedenfalls weniger beachtenswerth als Cham. obtusa und Lawsoniana.

Der Habitus von Cham. pisifera ist nicht besonders hervorragend und läßt sie auch in Parkanlagen wenigstens als Solitärs nicht empfehlenswerth erscheinen.

Cladrastris amurensis (H. Koch).
Inu-Enschu.
Anbaufläche 0,13 ha.   Zahl der Versuchsreviere: 1.

In Japan innerhalb der gemäßigten Zone weit verbreitet, von Mayr wegen ihres vorzüglichen dem Keaki gleichkommenden Holzes empfohlen, welches einen schönen rothbraunen Kern mit einem spec. Gewicht 0,62 besitzt. Cladrastris soll in Deutschland gedeihen, wo die Stieleiche wächst.

Hiervon sind in Freienwalde zwei kleine Versuchsflächen von zusammen 13 a Größe vorhanden.

Sie ist dort auf frischem, lehmigem Sandboden angebaut, gedeiht ziemlich gut und hat sich als widerstandsfähig gegen alle Arten von Frost bewiesen.

Cladrastris ist eine Lichtpflanze, verlangt Seitenschutz, verträgt jedoch keine Ueberschirmung.

Die siebenjährigen Pflanzen haben eine Mittelhöhe von 80 cm, eine Oberhöhe von 2,40 m.

Cladrastris neigt zur Zwieselbildung und schlägt gut vom Stock aus.

Die Härte des Holzes ist trotz des jugendlichen Alters der Versuchskulturen bereits bemerkbar. Spec. Gewicht 0,80.

Der Beschädigung durch Hasen und Rehe ist Cladrastris sehr ausgesetzt, Mäuse ringeln sie dagegen wenig, wohl wegen des widerlichen Geruches ihrer Rinde.

Der Anbau erfolgt zweckmäßig mittelst zweijähriger Sämlinge auf Rajolstreifen mit Fichten als Treibholz auf Schmalschlägen oder in Löchern.

Ergebniß.
Ein abschließendes Urtheil ist bei dem geringen Umfang und der Jugend der vorhandenen Versuchskulturen noch nicht möglich, immerhin scheint sich wenigstens die weitere Beobachtung zu lohnen.

Cryptomeria japonica (Don.).
Cryptomeria. — Sugi.
Anbaufläche 0,47 ha.   Zahl der Versuchsreviere: 4.

Im südlichen Japan weit verbreitet, namentlich in den Höhenlagen zwischen 200 und 800 m auf kräftigem vulkanischem Boden in Eso mit Erfolg kultivirt.

Die Ansicht, daß dieser in Japan am eifrigsten angebaute Baum zur forstlichen Kultur in Deutschland geeignet sei, hat sich wenigstens für den größten Theil von Preußen nicht bestätigt. Die klimatisch bevorzugtesten Theile scheinen hier eben noch der Grenzzone ihres Vorkommens zu entsprechen.

Einigermaßen günstige Resultate mit dem Anbau der Cryptomeria sind nur erzielt worden in Homburg (Rgb. Wiesbaden), Gahrenberg (Rgb. Kassel) und Zeven (Rgb. Stade). In Cleve, wo im Park das größte mir bekannte Exemplar einer Cryptomeria steht, hat trotz des milden Klimas das Wachsthum im Walde wenig befriedigt, wohl wegen des geringen Bodens.

In den zuerst genannten Oberförstereien war das Höhenwachsthum bisher ein rasches. In Homburg besitzt die 13 jährige Anlage auf sehr günstigem Boden eine Mittelhöhe von 4,5 m und eine Oberhöhe von 6 m, ähnlich ist die Entwickelung in Zeven. Auch in Freienwalde hat eine kleine Anlage (alter Kamp) im Alter von 10 Jahren eine Mittelhöhe von 1,8 m und eine Oberhöhe von 3,2 m.

In der Heimath wird Cryptomeria japonica bis über 60 m hoch.

Nach den bisherigen Beobachtungen ist Cryptomeria eine Lichtpflanze, welche höchstens in der Jugend leichte Beschirmung verträgt, aber Seitenschutz liebt. Sie beansprucht frischen und kräftigen Boden.

Das Holz ist grobfaserig mit röthlich gefärbtem Kernholz, leicht zu bearbeiten, dabei aber fest und dauerhaft und wird außerordentlich viel gebraucht, namentlich zu Bauzwecken.

Die Hauptschwierigkeiten des Anbaues werden durch die Winterkälte und Dürre veranlaßt.

Von allen Nadelhölzern nimmt die Cryptomeria die intensivste Winterfärbung an.

Aus dem Thierreich hat sich nur der Rehbock durch Fegen schädlich erwiesen, sonstige Feinde sind nicht beobachtet worden.

Die Pflanzenerziehung hat durch Vollsaat auf gut gelockertem Boden in geschützten Kämpen, am zweckmäßigsten in Löcherkahlschlägen, zu erfolgen. Die im ersten Jahr sehr schwachen Pflänzchen müssen zum Schutz gegen Spätfrost und Dürre sorgfältig geschützt werden.

Zur Verpflanzung ins Freie eignen sich am besten 3 bis 4 jährige Sämlinge in Rajolstreifen, dagegen ist die Pflanzung verschulter Lohden schwierig.

Die Wurzeln müssen sorgfältig vor dem Austrocknen geschützt werden.

Ergebniß.

Cryptomeria japonica ist in Norddeutschland (und wohl in Deutschland überhaupt) zum forstlichen Anbau ungeeignet und kommt nur als Parkbaum in den klimatisch bevorzugtesten Gebieten in Betracht.

Fraxinus americana (Linn.).

Fraxinus alba (Marsh.) — Weißesche. — White Ash.
Anbaufläche 27,65 ha. Zahl der Versuchsreviere: 23.

Eine der werthvollsten Holzarten des östlichen Nordamerikas, von Neu-Schottland bis Florida auf besseren, frischen bis feuchten Bodenarten in der Nähe der Flüsse und Ströme vorkommend, erreicht ihre beste Entwickelung auf dem fruchtbaren Schwemmland des unteren Ohio.

Nach den vorliegenden Beobachtungen über das Gedeihen dieser Art in Deutschland, wo sie bereits vor mehr als hundert Jahren eingeführt worden ist, macht sie an den Standort annähernd die gleichen Ansprüche wie Frax. excelsior, von welcher sie sich dadurch unterscheidet, daß sie Ueberschwemmungen während der Vegetationsperiode besser verträgt; selbst in Löchern, wo fast das ganze Jahr hindurch Wasser steht, gedeiht sie recht gut.

Sie kommt daher an tiefgelegenen Stellen fort, wo Frax. excelsior kümmert. Forstmeister Borgmann in Oberaula (Rgb. Kassel) schreibt: „Wo Frax. excelsior wegen Nässe versagt, fühlt sich Frax. americana wohl."

Am meisten liebt sie kräftigen, lehmhaltigen, tiefgründigen, frischen bis feuchten Boden.

Das Wurzelsystem ist kräftig und ebenso ausgebildet wie jenes von Frax. excelsior.

Die im Herbst des Reifejahrs ausgesäten Früchte liegen nicht über, sondern keimen bereits im nächsten Frühjahr, letzteres ist auch der Fall, wenn die Früchte im Frühjahr vor der Aussaat drei Tage in Wasser eingequellt und möglichst frühzeitig in die Erde gebracht werden. Die Sämlinge werden schon im ersten Jahre etwa 30 cm hoch, können sogleich im nächsten Frühjahr im 0,5 m Quadratverband verschult werden, nach weiteren 1 bis 2 Jahren sind sie alsdann zu Halbheistern erwachsen, welche zum Verpflanzen am besten geeignet sind.

Das Wachsthum ist während der Jugendperiode ein rasches, wie folgende Uebersicht ersehen läßt:

Alter: Jahre	Mittelhöhe m	Oberhöhe m
5	2,0	2,5
10	4,3	5,6
15	6,8	8,5
20	10,0	12,0
23	12,0	15,0

In ihrer Heimath wird Fraxinus alba 30 bis 40 m hoch und erreicht einen Brusthöhendurchmesser bis zu 2 m.

Ueber das Verhältniß der Wachsthumsleistung von Fraxinus alba zu Frax. exc. hat Forstmeister Schuppius zu Heidchen, Rgb. Posen, wo sich die ältesten Anlagen von Frax. alba aus der Versuchsperiode befinden, interessante Untersuchungen angestellt.

Dort sind auf gleichem Standort (anmooriger Sand mit Mergelunterlage) zahlreiche je 10 a große Horste von Fraxinus alba und excelsior zwischen 50jährigen Birken durch Pflanzung 5jähriger verschulter Heister in 1,5 m Quadratverband angelegt.

Der Revierverwalter hatte bereits im Jahre 1898 aus eigenem Antrieb solche vergleichenden Untersuchungen angestellt und die Kluppstellen behufs späterer Wiederholung der Messung mit Oelfarbe bezeichnet. Nach den damaligen Messungen hatte Frax. excelsior den Vorsprung. Als ich im Sommer 1900 die Versuchsflächen bereiste, machte es mir den Eindruck, als ob für Frax. alba eine verhältnißmäßig weniger günstige Stelle ausgewählt worden sei. Ich suchte daher selbst ein neues Vergleichspaar aus und bat Herrn Forstmeister Schuppius, auch die Messungen auf der von ihm zuerst ausgewählten Fläche zu wiederholen.

Das Ergebniß ist folgendes:

	Frax. excelsior	Frax. americana
I. Gruppe (wiederholte Aufnahme).		
Stammgrundfläche . . .	2,453 qm	1,291 qm
Mittelhöhe	12,0 m	11,0 m
Oberhöhe	14,0 =	12,5 =
II. Gruppe.		
Stammgrundfläche . . .	1,900 qm	1,205 qm
Mittelhöhe	13,0 m	10,0 m
Oberhöhe	15,0 =	12,0 =

Die hohe Stammgrundfläche von Frax. excelsior der Gruppe I dürfte darauf zurückzuführen sein, daß die Fläche in Folge Einbeziehung einer Randblöße größer als 10 a ist.

Aber wenn man auch von der Stammgrundfläche absieht und nur das Höhenwachsthum berücksichtigt, so dürfte unter den in Heidchen vorliegenden Standortsverhältnissen die Entwickelung von Frax. excelsior günstiger sein, als jene von Frax. alba.

An anderen Orten ist dagegen letztere, wenigstens in der Jugend, schnellwüchsiger als excelsior, dieses wird aus Schkeuditz (Rgb. Merseburg), Hambach (Rgb. Aachen) und Grünewalde (Rgb. Magdeburg) mitgetheilt.

Das Wurzelsystem besteht neben einer starken Herzwurzel aus sehr zahlreichen Seiten- und Faserwurzeln.

Das Holz ist fest, hart, dicht, spec. Gew. 0,65, wird in seiner Heimath zum Wagenbau, landwirthschaftlichen Geräthen und Fournieren verarbeitet.

Ein durch gütige Vermittelung des Hofjagdamtes zu Dessau erhaltener Bericht des Oberförsters Grellmann zu Groß-Kühnau hebt hervor, daß das Holz von Frax. americana größere Biegsamkeit und Zähigkeit besitze als jenes von Frax. excelsior.

Im Allgemeinen wird dort das Holz der amerikanischen Esche jenem der heimischen vorgezogen. Der höchste Preis, welcher für Frax. americana bezahlt wird, beträgt 85 Mk. pro Festmeter.

In Anhalt und Schkeuditz, wo bereits ältere Stämme vorhanden sind, wird ebenfalls das vorzügliche, harte und zähe Holz gerühmt.

Frax. americana wird vom Rothwild mit Vorliebe verbissen, geschält und zerschlagen, Arvicola schält gern die Rinde am Wurzelknoten, Hyp. amphibius schneidet die weichen Wurzeln vollständig ab. In Oberaula fand im Frühsommer 1897 ein Kahlfraß durch Geometra aurantiaria statt.

In strengen Wintern erfrieren in kalten Einsenkungen die noch nicht genügend verholzten Triebspitzen, ebenso erfrieren gelegentlich auch die jungen Triebe, doch leidet Frax. alba weniger von Spätfrösten als excelsior, weil sie etwa um 2 Wochen später austreibt als diese.

Zwieselbildung infolge Erfrierens des Mitteltriebes ist bei ersterer daher seltener.

Die Bestandesanlage erfolgt zweckmäßig mittelst Halbheister oder Heister in derselben Weise wie bei Frax. excelsior. Anlagen auf größeren Kahlflächen, in sonnigen Hängen, auf strengem, besonders aber auf Boden mit stagnirender Nässe sind zu vermeiden.

Umbinden mit Dornen zum Schutze gegen Rehe ist empfehlenswerth.

Ergebniß.

Fraxinus alba steht nach den meisten wichtigen waldbaulichen Eigenschaften und nach der Güte des Holzes unserer heimischen Esche ungefähr gleich. Als Vorzüge gegenüber der letzteren sind hervorzuheben die Unempfindlichkeit gegen Sommerhochwasser und das spätere Austreiben. Letztere Eigenschaft hat in Bayern dazu geführt, daß sie hier mit Vorliebe angebaut wird.

Sie verdient also entschieden überall da angebaut zu werden, wo solche Ueberschwemmungen zu erwarten sind. Wegen des späteren Austreibens und der hierdurch verminderten Zwieselbildung bezw. der hierdurch erzielten besseren Stammform verdient Frax. alba auch sonst Berücksichtigung auf gutem, durchlässigem Boden.

Früchte können preiswerth aus dem anhaltinischen Forstrevier Kühnau bei Dessau bezogen werden, ebenso auch aus der Oberförsterei Grünewalde (Rgb. Magdeburg).

Der „Arbeitsplan für die Anbauversuche mit ausländischen Holzarten" hatte entgegen den Vorschlägen des Referenten Booth statt Fraxinus alba

Fraxinus pubescens (Lamarck)[1]) aufgenommen, von welcher man Gedeihen auch auf strengem, trockenem Boden erwartete.

Die inzwischen erfolgten Veröffentlichungen von Mayr und Sargent haben uns jedoch belehrt, daß diese Wahl ein Mißgriff war.

Fraxinus pubescens (Lamarck) = Fraxinus pennsylvanica (Marshall), Rothesche, kommt im gleichen Verbreitungsgebiet wie Frax. alba vor, erreicht aber auch auf dem guten Boden der Flußniederungen nur eine Höhe von 12 bis 15 m, ebenso ist ihr Holz weniger werthvoll. Die Anbauversuche haben ferner gezeigt, daß die Erwartung des Gedeihens auf strengem Boden durchaus nicht erfüllt wurde, ebenso ist sie auch erheblich frostempfindlicher als Frax. alba.

Glücklicherweise ist aus Amerika keineswegs reiner Samen von Frax. pennsylvanica geliefert worden, sondern entweder nur Früchte von Frax. alba oder solche gemischt mit Frax. pennsylvanica. Infolgedessen sind auch reine Anlagen von Frax. pennsylvanica selten.

Die beiden Arten sind leicht dadurch zu unterscheiden, daß bei der Rothesche die jungen Triebe, Blattstiele und Blattunterseiten behaart, die Fiederblättchen gestielt und die jungen Blättchen wollig sind, bei der Weißesche sind dagegen Unterseite der Blätter und der jungen Zweige kahl.

Auf gutem Boden, z. B. in Grünheide (Rgb. Posen), ist etwa bis zum 12. Jahr ein Unterschied im Höhenwachsthum zwischen beiden Arten nicht bemerkbar.

Juglans nigra (Linn.).

Schwarze Wallnuß. — Black Walnut.

Anbaufläche 12,97 ha. Zahl der Versuchsreviere: 22.

Ein Baum des östlichen Nordamerikas, wo er auf reichem Schwemmland und an fruchtbaren Berghängen, namentlich der östlichen Hälfte der kontinentalen Zone, gedeiht. Von allen bei den Anbauversuchen erprobten Holzarten bei Weitem die anspruchsvollste sowohl hinsichtlich des Bodens als hinsichtlich des Klimas.

Frischer, kräftiger und milder Boden bildet die unentbehrliche Voraussetzung für das Gedeihen, dabei kommt weniger in Betracht, ob der Boden nur lehmiger, humoser Sand oder fast reiner Lehmboden ist. Strenger und

---

[1]) Die Diagnosen lauten nach Sargent:

Fr. Americana; Leaflets 5 to 9, usually 7, ovate to oblong-lanceolate, mostly acute, pale on their lower surface.

Fr. Pennsylvanica: Leaflets 7 to 9, oblong-lanceolate to ovate, mostly coarsly serrate, clothed on their lower surface like the young shoots with velvety pubescence.

Die Bezeichnungen Fr. cinerea, Grauesche oder Fr. Ascanica für Fr. Americana sind ganz unberechtigt.

Fr. viridis (Michaux) wird von Sargent als eine Varietät von Pennsylvanica und zwar als var. lanceolata aufgefaßt, welche sich von letzterer in ihren extremen Formen nur durch klebrige Blätter und Zweige unterscheidet.

namentlich naffer Thonboden, auch im Untergrund, fagen diefer Art ebenfowenig zu wie mittlere und geringe Sandböden oder fteinige und flachgründige Orte.

Weiter bedarf Juglans nigra aber zu ihrer Entwickelung eine ziemlich be= trächtliche Wärmefumme und längere Vegetationsdauer.

Nur auf unferen beften Eichenftandorten find die Bedingungen für die dauernde gute Entwickelung gegeben, vor Allem findet fie diefe in den milden Aueböden der Oder, Mulde und Elfter, aber auch das mittel= und weft= deutfche Bergland enthält immerhin ausgedehnte Lagen, wo der Anbau von **Juglans nigra** lohnend ift.

An verfchiedenen Orten, wo ftrengerer Boden durch Auswafchung und Verwitterung in den oberen Schichten in fandigen Lehmboden umgewandelt war, gedieh fie anfangs gut, bis die Wurzeln auf unzerfetzte fefte Schichten kamen (Freienwalde). Ebenfo wächft Juglans noch ziemlich weit nach Nord= often unter relativ günftigen Bedingungen (Fritzen, Rgb. Königsberg) noch leiblich, findet hier aber doch nicht mehr die zu ihrer guten Entwickelung nöthige Wärmefumme und Länge der Vegetationsperiode.

Bereits im erften Jahre bildet die fchwarze Wallnuß eine kräftige, 30 bis 50, theilweife fogar 70 cm lange Pfahlwurzel, welche im zweiten Jahre durchfchnittlich 80 cm lang wird. Die Pfahlwurzel ift ungemein ftark und fleifchig, auch befitzt fie nur wenig Seitenwurzeln, die Faferwurzeln befinden fich in überwiegender Mehrzahl am unteren Theil der Pfahlwurzel. Hieraus ergiebt fich, daß Jugl. nigra vom dritten Jahre ab nur fchwierig zu ver= pflanzen ift; trotz aller Sorgfalt gelingt es faft nie, die ganze Pfahlwurzel unverletzt auszuheben, gewöhnlich bleibt der unterfte Theil mit den meiften Faferwurzeln im Boden zurück und die wenigen Seitenwurzeln, welche dem oberen Theile der Pfahlwurzel entfpringen, genügen nicht zur Ernährung der Pflanze. Nur auf frifchem Boden geht die Neubildung von Jafer= wurzeln fo rafch vor fich, daß die Verwendung ftärkeren Pflanzenmaterials mit Ausficht auf Erfolg gefchehen kann, doch ftockt auch diefes hier längere Zeit im Wachsthum; auf trockenem Boden kümmern die Pflanzen lange, gehen häufig aus Mangel an Nahrung ein. Ein großer Theil der dem Froft zugefchriebenen Mißerfolge muß auf die Verwendung zu ftarken Pflanzenmaterials auf nicht fehr frifchem Boden zugefchrieben werden.

Der Höhenwuchs ift bereits vom erften Jahre an lebhaft:

Alter: Jahre	Mittelhöhe m	Oberhöhe m
5	1,4	2,0
10	4,0	5,5
15	7,0	9,0
20	11,0	13,0

In ihrer Heimath erreicht Juglans nigra eine Höhe von 45 m. Weife erwähnt in feiner Statiftik der Fremdländer in Deutfchland für Hohenzollern 100jährige Bäume mit einer Höhe von 35 m.

Juglans nigra ist eine entschiedene Lichtpflanze und verlangt intensiven Sonnenschein, Seitenschutz ist in den ersten Jahren erwünscht, sei es in Form von Löcherhieben, sei es durch Beimischung anderer Holzarten.

Mäßige Beschattung in Kiefernschirmschlägen und Buchenbesamungs= schlägen wirkt in den ersten Jahren vortheilhaft und wird gut vertragen. Stärkere Beschattung ist ungünstig, weil hierdurch das gute Verholzen der Triebe verhindert wird. Die Bemühungen an klimatisch weniger bevor= zugten Orten, durch stärkere Beschattung die Frostgefahr zu vermindern, haben durch verzögerte und ungenügende Verholzung den entgegengesetzten Erfolg.

In freiem Stand bildet **Jugl. nigra** häufig starke Seitenäste, im engen Schluß und auf gutem Boden entwickelt sie einen schönen, bis 20 m astreinen Schaft.

Die Ausschlagfähigkeit ist bereits bei Jährlingen eine kräftige, der Verlust des Gipfels wird durch Austreiben der Seitenknospen leicht ersetzt.

Als gewöhnliche Ursachen des Mißlingens der Kulturen wird häufig Frost genannt.

Die Verhältnisse liegen jedoch hier ähnlich wie bei **Carya**. Einerseits sind in einer Anzahl von Versuchsrevieren die klimatischen Verhältnisse für den Anbau dieser wärmebedürftigen Holzart ungeeignet, andererseits haben aber vielfach die Fröste die Sämlinge wegen verspäteter Entwickelung in nicht genügend verholztem Zustand überrascht. Die sehr harte Nuß keimt meist ziemlich spät, namentlich wenn auf die Aussaat bald trockene Witte= rung folgt, die Sämlinge erscheinen dann im Juli, August, theilweise sogar erst im September, ein nicht unbeträchtlicher Theil der Nüsse liegt über.

Daß diese zarten Pflanzen selbst gelinden Herbst= und Winterfrösten zum Opfer fallen, ist begreiflich. Die nicht vollständig getödteten Individuen schlagen im nächsten Jahre wieder aus, allein die neuen Triebe erscheinen spät, sind verhältnißmäßig schwächlich und leiden alsdann stark durch Früh= und Winterfröste. Auf größeren Kahlflächen machen sich diese schädlichen Verhältnisse stets ganz besonders lebhaft geltend.

Wenn die gefährliche Jugendperiode überwunden ist, hat sich **Jugl. nigra** auf allen Orten, an welchen sie überhaupt gutes Gedeihen verspricht, stets als vollständig hart gegen Früh= und Winterfrost gezeigt. Spätfröste können hier ebenso wie bei unseren heimischen Holzarten schaden.

Von Wild wird diese Holzart so gut wie gar nicht beschädigt, Insekten= gefahren sind ebenfalls nicht zu vernehmen.

Mäuse schaden ebenso wie Eichhörnchen durch das Verzehren der Nüsse, späterhin wird nur **Hypodaeus arvalis** durch Abnagen der Wurzeln gefähr= lich, während die **Jugl. nigra** von den übrigen Mäusearten verschont wird.

Das Holz ist jedenfalls das werthvollste, welches im deutschen Wald erzogen werden kann, und wird im Handel mit ca. 200 Mk. pro Festmeter bezahlt. Es ist schwer, leicht zu bearbeiten, dunkelbraun und nimmt eine prachtvolle Politur an, mit der Zeit wird es dunkler, bis fast schwarz, am geschätztesten sind die Maserbildungen. Die Hauptverwendung findet dieses Holz in der Möbelfabrikation, zur inneren Ausstattung von Wohnungen, Eisenbahnwagen, ferner im Boots- und Schiffsbau.

Da das späte Erscheinen der Sämlinge eine der wesentlichsten Ursachen des Mißlingens der Kulturen ist, so muß das Bestreben darauf gerichtet sein, ein möglichst frühzeitiges Keimen der Nüsse herbeizuführen. Dieses geschieht am zweckmäßigsten durch das oben (S. 21) bei den Carya-Nüssen geschilderte Vorkeimen.

Die Freikulturen sind als Saaten mit vorgekeimten Nüssen oder als Pflanzungen mit 1 oder höchstens 2jährigen Sämlingen auszuführen. Sorgfältige Bodenlockerung durch Rajolen der Saat- bezw. Pflanzstreifen, sowie mehrere Jahre hindurch wiederholtes Behacken dieser Streifen sind nothwendig.

Der Anbau erfolgt zweckmäßig in etwa 10 a großen Löcherkahlschlägen oder unter einem lichten, bald zu entfernenden Altholzschirme.

Einzelmischung zwischen Schutz- und Treibholz ist ebenfalls empfehlens= werth.

Um Sperrwuchs zu vermeiden, muß entweder ein ziemlich enger Ver= band gewählt oder eine schattenvertragende Holzart, am besten Buche oder Hainbuche beigemischt werden.

Die Pflege der einzelnen Individuen durch Beseitigung der Gabel= bildungen oder der Entwickelung mehrerer Höhentriebe nach dem Verunglücken der Gipfelknospe ist im jugendlichen Alter mit Erfolg zu betreiben.

Wegen der starken Markröhre darf ein Abschneiden von Aesten erst er= folgen, wenn der betreffende Stammtheil bereits verholzt ist.

Die ersten Durchforstungen beginnen im Alter von 15 bis 20 Jahren und sind nach dem Grundsatz der Entfernung aller sperrigen und schlecht= formigen Kronen, sowie der Begünstigung gutwüchsiger Individuen durch Umlichtung auszuführen.

Ergebniß.

Durch die in ziemlich großem Umfang ausgeführten Anbauversuche und die bereits vorhandenen vorzüglich entwickelten älteren Exemplare ist der Nachweis geliefert, daß und unter welchen Voraussetzungen Juglans nigra in Deutschland gedeiht.

Immerhin ist das Gebiet, in welchem die nöthigen Standortsverhält= nisse vorhanden sind, ein ziemlich beschränktes. Hier ist aber dem Anbau dieses kostbaren und werthvollen Nutzholzes besondere Aufmerksamkeit zu widmen und dies umsomehr, als die amerikanischen Vorräthe hieran fast vollständig erschöpft sind. Sargent bemerkt hierüber: „Large Black-Walnut trees practically no longer exist in the American forests."

Juniperus virginiana (Linn.)

Virginischer Wachholder. — Red Juniper. (Red Cedar.)
Anbaufläche 1,36 ha. Zahl der Versuchsreviere: 7.

Im Osten der Vereinigten Staaten sehr verbreitet, von der Hudsonbay bis Florida und an der Ostküste mit Ausschluß der Prärie bis zur Nord= westküste reichend, äußerst bodenvag.

Die Anbauversuche in Deutschland haben gezeigt, daß diese Holzart hier anspruchsvoller hinsichtlich des Bodens und Klimas ist, als in ihrer Heimath. Geringer Boden und nasse Standorte sagen ihr nicht zu, ebenso gedeiht sie weder auf Hochlagen noch im Nordosten.

Die beste Entwickelung zeigt Junip. virg. bei uns auf den besseren Böden der klimatisch günstigen Regierungsbezirke Magdeburg (Oberf. Bischofswalde) und Merseburg (Oberf. Rosenberg). Dem gleichen Gebiet gehören auch die ältesten, bereits etwa 130jährigen Exemplare, im Wörlitzer Park (bei Dessau)[1] an.

Der Same liegt über, im ersten und zweiten Jahre bleiben die Pflanzen sehr klein und zeigen erst vom dritten Lebensjahr ab lebhaftere Ent= wickelung.

Die Höhenentwickelung der besseren Anlagen ist etwa folgende:

Alter: Jahre	Mittelhöhe m	Oberhöhe m
7	1,1	1,6
10	2,0	2.4
15	2,5	3,5

Die besten mir bekannten Exemplare stehen im Wörlitzer Park und haben im Alter von etwa 130 Jahren eine Höhe von 25 m und einen Brusthöhen=Durchmesser von 70 cm.

Unter den günstigsten Verhältnissen im Südosten der Vereinigten Staaten wird Junip. virg. bis 30 m hoch.

Das Holz hat nur geringes spec. Gewicht (0,48), ist aber sehr dauer= haft, namentlich im Boden, frisch gefällt prächtig roth, bekommt später einen gelbbraunen Ton. Im Norden der Vereinigten Staaten wird das Holz zu Spindeln, Zaunpfosten, Schwellen für Thüren und Eisenbahnen, Kästen, welche gegen Mottenfraß schützen, verwendet. Die zu Bleistiftholz be= nützten Stämme wachsen in Florida und Texas, da hier das Holz den stärksten charakteristischen Geruch des Bleistiftholzes erlangt.

In den ersten Jahren sind die jungen Pflanzen ziemlich zart. Seiten= schutz wird auch späterhin erwünscht, Frost wird aber dann nicht mehr schädlich. Die Pflanzen zeigen eine starkviolette Winterfärbung.

Gegen Gras= und Unkrautwuchs sind die jungen Pflanzen em= pfindlich.

---

[1] Die ältesten Pflanzen haben bereits bei Erbauung des sog. Gothischen Hauses im Jahre 1773 zur Ausschmückung der Umgebung Verwendung gefunden.

Rothwild verbeißt diese Holzart mit Vorliebe, auch Rehwild schadet durch Verbeißen und Fegen.

Man hat bisher angenommen, daß das Klima in Deutschland zu kalt für die Erzeugung dieses Geruches sei. Proben von Holz aus Carlshafen, welche mir in der Faber'schen Bleistiftfabrik vorgelegt wurden, besaßen fast gar keinen Geruch.

Durch das Entgegenkommen des herzoglichen Hofjagdamtes zu Dessau ist mir jedoch für diese Arbeit ein Abschnitt eines der ältesten Bäume zur Verfügung gestellt worden, welcher sich jetzt in der Sammlung der hiesigen Forstakademie befindet.

Dieses Holz riecht außerordentlich stark. Nach dem beigefügten Bericht des Hofgärtners Richter macht sich der Wohlgeruch beim Fällen sogar schon in einiger Entfernung bemerkbar.

Es scheint also, daß erst im höheren Alter genügende Mengen des ätherischen Oeles angesammelt werden.

Hofgärtner Richter bemerkt noch, daß das Holz auch außerordentlich dauerhaft im Boden sei und mindestens dem Akazienholz hierin gleichstehe, das Eichenholz aber übertreffe.

Der überliegende Samen muß auf unkrautfreiem Boden alsbald nach dem Eintreffen ausgesäet werden, noch besser ist es, ihn in die Erde einzu=schlagen und erst im folgenden Herbst auszusäen.

Zu Bestandesanlagen sind vierjährige verschulte Pflanzen in Rajollöchern zu verwenden.

Die Entwickelung der Kulturen macht den Eindruck, als ob sich diese Holzart besser zur Einzelmischung, als zur Anlage in größeren reinen Horsten und Beständen eigne.

Ergebniß.

Daß Juniperus virginiana wegen Massenerzeugung eine werthvolle Holzart für den deutschen Wald werden würde, war nie angenommen worden, man hatte dagegen gehofft, daß es möglich sein würde, das für unsere Bleistiftindustrie nützliche Holz bei uns erziehen zu können.

Die Anbauversuche haben ergeben, daß das Klima Norddeutschlands der Entwickelung dieser Holzart wenig günstig ist und sie sich hier zum forstlichen Anbau nicht eignet, sondern nur als Parkbaum in Betracht kommen kann.

Nur in den wärmeren Theilen Deutschlands dürfte ein umfangreicher Anbau zur Erziehung von Nutzholz in Erwägung zu ziehen sein.

Larix leptolepis (Murr).

Japanische Lärche. — Kara-matsu.

Anbaufläche 14,49 ha. Zahl der Versuchsreviere: 24.

Heimath: Mittleres Nippon nördlich von Tokio, zwischen 1500 und 2700 m Höhe, namentlich auf dem Verwitterungsboden vulkanischer Gesteine vorkommend, bildet dort nirgends geschlossene Waldungen, sondern wächst nur in Mischung mit anderen winterkahlen Holzarten.

Die japanische Lärche steht in ihren Ansprüchen an den Boden, ihrem waldbaulichen Verhalten und hinsichtlich der Güte des Holzes im Allgemeinen unserer Larix europaea gleich, scheint aber in der Ebene weniger empfindlich gegen Trockniß zu sein wie diese.

Das Klima in Norddeutschland verträgt sie allenthalben, sie wächst am Feldberg bei 680 m noch gut, zum freudigen Gedeihen verlangt sie frischen, humosen und tiefgründigen Boden, am meisten sagt ihr kräftiger Lehmboden zu.

Das Wurzelsystem besteht aus einer tiefgehenden Pfahlwurzel mit vielen weitstreichenden Seitenwurzeln.

Die Höhenentwickelung ist in der Jugend energischere als bei Lar. europaea und übertrifft alle werthvollen einheimischen Holzarten.

Alter: Jahre	Mittelhöhe m	Oberhöhe m
1	0,15	—
5	1,0	2,5
10	3,0	6,0
15	6,0	10,0

Eine Anlage in der Oberförsterei Chorin hat bereits im Alter von 9 Jahren Oberhöhen bis zu 11 m.

Das Längenwachsthum dauert nach den genauen Messungen des Oberförsters Göbel in Rumbeck bis Ende September fort.

Larix leptolepis entwickelt einen schönen Schaft und zeigt selten den äbelförmigen Wuchs von Larix europaea.

Das Holz entspricht in seinen Eigenschaften im Allgemeinen der Larix europaea, ist sehr reich an Terpentin und besitzt einen starken Geruch. Spec. Gewicht 0,47.

Aeußerst wichtig erscheint die Widerstandsfähigkeit gegen den Fraß von Coleophora Laricinella und gegen den Lärchenkrebs.

Die weitaus größere Zahl der Beobachtungen hat ergeben, daß sie bis jetzt von beiden Kalamitäten vollständig verschont geblieben ist. Aber auch an jenen Orten, wo sie von der Motte befallen wurde, war diese ganz erheblich weniger schädlich als bei unserer Lärche, was wohl eine Folge der kräftigeren und fleischigeren Nadeln ist.

Nematus laricis hat an verschiedenen Orten die japanischen Lärchen befressen und hierdurch im Wachsthum beeinträchtigt.

Agaricus melleus wird öfters verderblich.

Sehr schädlich ist mehrfach Mäusefraß gewesen, gegen Wild und Rehe muß Larix leptolepis zweckmäßig durch Bestreichen mit der bekannten Mischung von Blut, Kalk und Schweinedung geschützt werden.

Diese Holzart vermag auch viele Beschädigungen leicht auszuheilen. Ab=
geschnittene Wipfel werden sofort durch den kräftigen Trieb einer Seiten=
knospe ersetzt.

Die Dichtigkeit der Benadelung in Verbindung mit der üppigen Trieb=
entwickelung hat zur Folge, daß die Pflanzen durch den Wind bei heftigen
Niederschlägen im Alter von 5 bis 8 Jahren niedergebogen werden, ohne
sich allein aufrichten zu können.

Die Aussaat erfolgt mit 1,5 kg pro a, da der Samen meist sehr
keimkräftig ist, auf frischem lehmhaltigem Sandboden unter Vermeidung jeden
Seitendrucks. Am besten werden die Sämlinge wegen der frühzeitigen Aus=
breitung des Wurzelsystems einjährig verschult und die Pflanzen dann im
Alter von 3 Jahren in's Freie gepflanzt. Aeltere Exemplare eignen sich
trotz Verschulung wegen der metertief gehenden Pfahlwurzel und der ver=
hältnißmäßig geringen Anzahl von Seitenwurzeln schlecht zum Verpflanzen.
Vermöge ihres lebhaften Höhenwuchses, welcher durch das Verpflanzen ein
wenig beeinträchtigt wird, eignen sie sich am besten zur gruppenweisen Ein=
sprengung in andere Verjüngungen.

Ergebniß.

Nach den bis jetzt gemachten Beobachtungen scheint sich Larix leptolepis
wegen der größeren Widerstandsfähigkeit gegen Lärchen=Motte und =Krebs,
sowie wegen ihrer bedeutenden Schnellwüchsigkeit in der Jugend in Nord=
deutschland auf kräftigem Boden, mehr zum Anbau wie Larix europaea
zu eignen.

Wegen ihrer schönen blaugrünen Benadelung ist sie auch für Park=
anlagen empfehlenswerth.

Magnolia hypoleuca (Sieb. et Zucc.).
Magnolie. — Ho-no-ki.
Anbaufläche 0,35 ha. Zahl der Versuchsreviere: 2.

Im nördlichen Japan, auf der Insel Eso heimisch, wo sich das Ver=
breitungsgebiet klimatisch mit jenem der Stieleiche in Deutschland deckt.

Leider ist es mit großen Schwierigkeiten verbunden, keimfähigen Samen
dieser von Mayr warm empfohlenen Holzart nach Deutschland zu bringen,
weshalb die während der Anbauperiode erzogenen Pflanzen nur hinrichten,
um einige Versuchsflächen in der Oberförsterei Freienwalde und eine kleine
in der Oberförsterei Eberswalde anzulegen. Diese zeigen indessen eine so
vortreffliche Entwickelung, daß sie genügen, um mit voller Bestimmtheit das
Verhalten der Magn. hypoleuca in unserem Klima und ihr Wachsthum in
der Jugend zu beurtheilen.

Sie hat sich in diesen Anlagen als vollständig winterhart erwiesen,
treibt ziemlich spät aus und wird infolgedessen auch nur selten von den
Spätfrösten betroffen.

Hinsichtlich des Bodens stellt sie dieselben Anforderungen wie die Eiche und gedeiht am besten auf frischem, mildem Lehm, entwickelt sich aber auch auf schwerem Lehm und auf anlehmigem Sand.

In der Höhenentwickelung steht sie nicht hinter der Eiche zurück, sondern eilt ihr sogar voraus.

Die beiden jetzt 8jährigen Kulturen haben eine Mittelhöhe von 2,80 m und eine Oberhöhe von 4 m, die letzten Triebe sind etwa 60 cm lang.

In der Heimath wird sie bis 25 m hoch.

Der Schaft entwickelt sich schlank und gerade, fast wie eine Esche, mit geringer Neigung zur Verzweigung. Die oval-eiförmigen Blätter sind außerordentlich groß, fast 60 cm lang und durch starken positiven Heliotropismus ausgezeichnet.

Magnolia hypoleuca ist von der frühen Jugend an eine Lichtpflanze, gedeiht gut im Seitenschutz, erträgt aber auch auf nicht zu armem Boden Freilage.

Das Holz ist frisch von grau-grüner, trocken von olivengrüner, sehr schöner Färbung; spec. Gewicht 0,51, elastisch, leicht zu bearbeiten und widerstandsfähig gegen die Einflüsse des wechselnden Feuchtigkeitsgehaltes der Luft; es wird sehr geschätzt, namentlich als Unterlage für Lackwaaren.

Vom Rehbock wird diese Art mit Vorliebe gefegt und ist deshalb zu schützen.

In Japan wird der Same sofort nach dem Sammeln noch im Herbst ausgesät und keimt frühzeitig.

Bei den Anbauversuchen ist es nur zweimal gelungen, mit Fruchtfleisch verschickte Früchte in keimfähigem Zustand zu erhalten, während Sendungen ohne Fruchtfleisch niemals keimten[1]).

Die jungen Pflanzen werden entweder mit zwei Jahren sofort ins Freie gebracht oder noch verschult und als einjährige Lohden ausgepflanzt.

Sie eignet sich namentlich zur Einzeleinsprengung in Laubholzverjüngungen.

Ergebniß.

Magnolia hypoleuca gedeiht in Norddeutschland auf den besseren Eichenstandorten gut und ist wegen des vortrefflichen Holzes auch fernerhin als Mischholzart in Buchenverjüngungen zu kultiviren, ebenso ist sie als Parkbaum zu empfehlen.

Phellodendron Amurense (Rupr.).

Korkbaum von Amur. — Kiwáda.

Anbaufläche 0,70 ha. Zahl der Versuchsreviere: 4.

Kommt auf der Insel Eso noch im Buchenwalde in stattlichen Dimensionen vor.

---

[1]) Nach einer Mittheilung des Herrn Dr. von Tubeuf sollen auch ohne Fruchtfleisch verschickte Früchte keimfähig in Europa ankommen, wenn sie mit Kohlengrus gemischt werden.

Mayr hat diesen Baum empfohlen sowohl wegen des schönen gelben Farbstoffes der Basthaut, als auch namentlich wegen seiner auffallend reichen Korkbildung, letzteres in der Hoffnung, daß es gelingen möchte, einen Kork liefernden Baum in Deutschland einzubürgern.

Soweit die bisherigen Beobachtungen ersehen lassen, verträgt Phellod. Amurense im Uebrigen unser Klima, leidet durch Winterkälte nicht, wohl aber durch Frühfröste, da die Vegetation bis spät in den Herbst hinein fortdauert. Anscheinend ist diese Gefahr im milden Klima größer als im rauheren.

Am meisten wird über das Erfrieren der nicht verholzten Triebe in Hambach (Rgb. Aachen) geklagt, während auf den übrigen Anbaurevieren, namentlich bei den in der Nähe von Eberswalde gelegenen, diese unangenehme Erscheinung wenigstens nicht besonders störend und in geringerem Maße als bei Catalpa speciosa hervortritt.

Phellodendron verlangt frischen kräftigen Lehmboden und Seitenschutz, verträgt sogar ziemlich starke seitliche Beschattung. Leichter Sandboden, Frostlagen, kaltgründiger Thonboden sind ungeeignet für sie, ebenso auch Freilage.

Das Wurzelsystem besteht aus zahlreichen, kräftigen, ziemlich weit ausstreichenden Seitenwurzeln mit reichlichen Faserwurzeln.

Auf frischem, humosem und mineralisch kräftigem Boden ist das Wachsthum im Seitenschutz außerordentlich üppig; in der Oberförsterei Biesenthal sind die Pflanzen auf einem kleinen Löcherkahlschlag zwischen Kiefern in einem Alter von 6 Jahren bereits bis 4 m hoch, je größer die Anlagen, desto mehr bleiben sie im Wuchse zurück.

Bemerkenswerth erscheint, daß Phellodendron schon in einem Alter von 6 Jahren zu blühen anfängt. Die Blüthen stehen in der Spitze der jungen Triebe, erscheinen Ende Mai in Form einer Dolde, die Scheinbeere mit 6 bis 8 Samenkörnern reift Ende Oktober. Forstmeister Boden in Freienwalde hat aus diesem Samen bereits wiederholt Pflanzen erzogen.

Das Holz der in den Versuchskulturen gezogenen Pflanzen ist hart, die intensiv gelb färbende Basthaut wird bereits beobachtet, dagegen hat sich auch bei den ältesten, jetzt 11jährigen Pflanzen eine starke Korkbildung noch nicht gezeigt.

Die Pflanzen werden infolge des unangenehmen an Hopfen erinnernden Geruches ihrer Blätter vom Wilde nicht angenommen.

Dieser eigenthümliche Geruch ist Folge des Sekretes von Drüsen in der Kerbe der Blätter.

Der aus Japan bezogene Samen besaß stets gute Keimkraft, welche umsomehr hervortritt, als jede Beere mehrere Samen enthält. Nach den Beobachtungen des Forstmeisters Boden an den bei ihm gereiften Früchten empfiehlt es sich, diese bis zur Aussaat im nächsten Frühjahr in feuchtem Sand aufzubewahren.

Zur Freikultur eignen sich 2 bis 3 jährige Sämlinge in kleinen etwa 5 a großen Löcherkahlschlägen, noch mehr dürfte der Anbau in Laubholzverjüngungen auf kleinen Blößen in Betracht zu ziehen sein.

Ergebniß.

Es scheint nicht, als ob Phellodendron Amurense größere Bedeutung für den deutschen Wald erlangen dürfte. Immerhin sind aber die vorhandenen Anlagen weiter zu beobachten, namentlich mit Rücksicht auf die vielleicht erst später beginnende starke Korkbildung.

Picea Alcockiana (Carr).
Picea bicolor (Mayr). — Buntfichte. — Iramomi.
Anbaufläche: 0,37.   Zahl der Versuchsreviere: 3.

Heimath: Centraljapan, wo sie im Mischwald der Gebirge zwischen 450 und 1500 m vorkommt.

Hat sich bei den Versuchen als sehr langsamwüchsig erwiesen und ist deshalb häufig durch Graswuchs verdämmt worden.

Die besten Anlagen haben in einem Alter von 12 Jahren eine Mittelhöhe von 90 cm und eine Oberhöhe von 1,40 m.

Nach Mittheilung des Herrn Prof. Dr. Mayr[1]) soll Picea bicolor ungemein frosthart und namentlich unempfindlich gegen Spätfröste sein, sodaß sie selbst Picea pungens in dieser Richtung übertrifft.

Sollte sich dieses Verhalten durch weitere Versuche, welche hierüber anzustellen wären, bestätigen, so würde Picea bicolor zur Aufforstung von Frostlöchern und Moorflächen in Betracht kommen, außerdem hat sie für uns keine Bedeutung.

Picea Engelmanni (Engelm.).
Engelmann's Fichte.   — Engelmann Spruce.
Anbaufläche: 2,63 ha.   Zahl der Versuchsreviere: 14.

Heimath: Felsengebirge von Britisch-Columbia bis Arizona, namentlich Colorado und Utah.

Geht im Norden bis zu 1500 m, im Süden bis zu 3500 m Höhe, in ihrem Hauptverbreitungsgebiet, dem mittleren Theile des Felsengebirges, bildet sie große, zusammenhängende Waldungen zwischen 2500 und 3000 m Höhe.

Wie nach ihrem Vorkommen anzunehmen, ist sie gegen Winterkälte bei

---

[1]) Forstwissenschaftliches Centralblatt 1898, S. 188.

uns hart, schädlich werden ihr nur Spätfröste, weil sie bei uns wohl etwas früher austreibt als in der Heimath [1]).

Picea Engelmanni verlangt kräftigen, frischen Standort, gehört aber nicht auf feuchte Stellen.

Das Wurzelsystem ist kräftig und besteht aus einer weitstreichenden Herzwurzel mit vielen Faserwurzeln. Diese Art liebt Seitenschutz, verträgt aber keinen Druck und keine dauernde Beschattung.

Die Keimlinge von Picea Engelmanni bleiben ebenso wie jene von Picea pungens im ersten Jahr erheblich kleiner, als jene von Picea excelsa, indem sie nur eine Höhe von 3 bis 5 cm, im zweiten Jahre eine solche von 10 cm erreichen und daher erst im dritten Frühjahr verschult werden können, von da ab ist die Höhenentwickelung besser; als 5jährige Schulpflanzen sind sie 30 bis 40 cm lang, besitzen eine gute Bewurzelung und können nunmehr mit Erfolg zu Bestandesanlagen verwendet werden.

Im Alter von 8 Jahren sind die besseren Anlagen durchschnittlich 60 cm, einzelne Pflanzen 100 cm hoch.

In ihrem Optimum erreicht die Engelmannsfichte eine Höhe von 46 m.

Sie ist aber auch dort sehr langsamwüchsig, ein im Jahre 1896 bei Cripple Creek Col. untersuchter Stamm mit 30 cm Durchmesser in Brusthöhe hatte 250 Jahrringe, das Musterstück der Jesup=Collection besitzt

---

[1]) Die Zapfen von Picea Engelmanni und Picea pungens sind kaum zu unterscheiden, da außerdem beide Arten, wenigstens in ihren Grenzgebieten, nebeneinander wachsen, so sind mehrfach die Samensendungen gemischt gewesen, die jungen schwachen Pflanzen können ebenfalls nicht unterschieden werden, sodaß vielfach unbeabsichtigte Mischkulturen beider Arten angelegt worden sind, was das Auseinanderhalten der Beobachtungen erschwert.

Sobald einmal kräftiges Wachsthum beginnt, etwa vom 6. Jahre ab, sind die beiden Fichten leicht dadurch von einander zu unterscheiden, daß bei Picea pungens die Nadeln fast rechtwinkelig abstehen und stark stechen, während jene von Picea Engelmanni in einem spitzen Winkel nach oben bezw. vorne gerichtet sind. Ihre Zweige und Triebe fühlen sich daher viel weniger stachlig an.

Die Farbe der Nadeln variirt bei beiden Arten sehr, bei Picea Engelmanni von graugrün, bei Picea pungens fast von weiß bis zu saftgrün.

Die botanischen Diagnosen beider Arten nach Knospen und Nadeln sind folgende:

Picea Engelmanni: Knospen mit gelben, fest anliegenden Schuppen besetzt. Blätter an fein behaarten, röthlichen Zweigen auf sehr hervorragenden Blattkissen, ziemlich weich, zusammengedrückt, vierkantig, sehr kurz und stechend, gespitzt, zwischen den Kanten mit weißen Spaltöffnungen versehen und daher mehr oder minder blaugrün erscheinend.

Picea pungens: Die großen, dicken Endknospen sind mit breiten, zurückgeschlagenen, hell ockerfarbigen Schuppen besetzt. Die starken, dornig gespitzten, stechenden, an jungen Pflanzen zusammengedrückt vierkantigen, an alten etwas flachgedrückten Blätter stehen rings um die fetten, weißen oder hellbraunen jungen Zweige auf stark hervorragenden Blattkissen und mehr vom Zweige ab, als es bei Picea Engelmanni der Fall ist.

einen rindenlosen Durchmesser von 56 cm bei einem Alter von 410 Jahren, 68 Jahrringe gehen auf das 12 mm starke Splintholz, im Alter von 100 Jahren war dieser Stamm 13 cm stark!

Das Holz ist hell, weich, dicht und gradfaserig, spec. Gewicht 0,34, wird hauptsächlich zu Bauten verwendet. Die Rinde ist stark tanninhaltig und dient zur Gerberei.

Als Feinde haben sich bei uns verschiedene Wildarten bemerklich gemacht und zwar Rehe durch Verbeißen und Rothwild durch Zerschlagen.

Bei der Pflanzenerziehung ist auf die langsame Entwickelung der Pflanzen Rücksicht zu nehmen, die daher im ersten Jahre gegen Dürre sowie demnächst gegen Auffrieren zu schützen sind. Wegen der starken Wurzelbildung eignet sie sich nicht zur Klemmpflanzung.

Da Picea Engelmanni in der Jugend sich so langsam entwickelt wie etwa Weißtanne, so eignet sie sich nur zur Anlage in reinen Beständen bezw. Horsten, oder zur Mischung mit Weißtanne, dagegen wird sie bei Einsprengung in Laubholzverjüngungen regelmäßig überwachsen.

Vor der Verwendung zu schwacher Pflanzen muß gewarnt werden.

Ergebniß.

Da Picea Engelmanni ein so außerordentlich langsames Wachsthum und keinerlei sonstige Vorzüge gegen unsere heimische Fichte besitzt, so kann sie zum forstlichen Anbau in der Ebene und im Mittelgebirge nicht empfohlen werden, sondern allenfalls nur für jene höheren Lagen in Betracht kommen, wo die Fichte im Wachsthum nachläßt.

Wegen der Schönheit sind die graugrünen und blaugrünen Varietäten als Parkbäume von Werth.

Picea pungens (Engelm.).

Stechfichte. — Blue Spruce.

Anbaufläche 5,99 ha. Zahl der Versuchsreviere: 19.

Heimath: Felsengebirge von Colorado und Utah, wo sie längs der Ufer der Gebirgsflüsse und am unteren Theil der Berghänge, namentlich zwischen 2000 und 3000 m Höhe vorkommt. Geht nicht so weit im Gebirge hinauf wie P. Engelmanni. Tritt nirgends in großen Massen rein auf, sondern stets gemischt mit anderen Holzarten.

Bei den Anbauversuchen sind bezüglich ihres Verhaltens gegen Klima und Boden zwei Eigenschaften hervorgetreten, welche ihre Einbürgerung in den deutschen Wald als wünschenswerth und werthvoll erscheinen lassen.

Picea pungens hat sich nicht nur als frosthart gegen Winterkälte erwiesen, sondern leidet auch fast gar nicht durch Spätfrost und übertrifft in dieser Richtung alle übrigen heimischen und angebauten Nadelhölzer. Ferner wächst sie mit Vorliebe auf feuchtem, ja sogar auf nassem Boden, welcher für Picea excelsa sowohl als auch für Picea sitchensis nicht mehr geeignet ist.

Bezüglich der mineralischen Zusammensetzung des Bodens ist sie bei genügendem Feuchtigkeitsgrade nicht sehr anspruchsvoll, gedeiht auf kräftigem Boden natürlich besser als auf geringem, kommt aber auch auf frischem, namentlich anmoorigem Sandboden gut fort.

Liebt Seitenschutz, verträgt aber keine Ueberschirmung.

Das Wurzelsystem ist wenig ausgedehnt und enthält viele feine Faserwurzeln.

Das Wachsthum während der drei bis vier ersten Lebensjahre ist ebenso langsam wie jenes von P. Engelmanni, von da ab geht sie jedoch erheblich rascher in die Höhe.

Fünfjährige Pflanzen sind im Durchschnitt 30 cm, höchstens 50 cm hoch, bei 10jährigen Kulturen beträgt die Mittelhöhe 80 cm, die Oberhöhe 1,40 m und deutet die jüngste Entwickelung auf energische Zunahme.

In der Heimath wird die P. pungens bis 50 m hoch.

Das Holz ist hellfarbig, Splint und Kern sind durch die Farbe nicht unterschieden, spec. Gewicht 0,37.

Picea pungens hat bisher durch nennenswerthe Schäden nicht zu leiden gehabt. Vom Wild wird sie wegen der starren und stechenden Nadeln fast gar nicht verbissen, sobald die Pflanzen erst etwas erstarkt sind. Vorher wird sie gelegentlich vom Rehbock gefegt.

Wegen der Pflanzenerziehung kann auf die Ausführungen bei Picea Engelmanni Bezug genommen werden.

Die Freikulturen sind mit verschulten 4 bis 5jährigen Pflanzen auszuführen und kommen hierfür namentlich nasse und bruchige Partien in Betracht, andererseits eignet sich Picea pungens auch zur Einsprengung in Laubholzverjüngungen, namentlich wegen ihrer Widerstandsfähigkeit gegen Beschädigungen durch Wild.

Ergebniß.

Wie bereits eingangs erwähnt, dürfte die Stechfichte eine werthvolle Bereicherung unseres forstlichen Baumschatzes behufs Aufforstung von nassen und bruchigen Partien, wo sehr erhebliche Spätfrostgefahr besteht, bilden. Sie wird auch in den Vereinigten Staaten seit 20 Jahren in bedeutendem Umfang angebaut.

Die hellblau gefärbte Varietät (Picea Parreyana glauca Beissn.) ist eine für Garten- und Parkanlagen sehr beliebte Holzart. Sargent macht indessen darauf aufmerksam, daß bei Solitären im Alter von 30 bis 40 Jahren die unteren Aeste absterben, wodurch sie die pyramidale Form einbüßen. Auch verliert sich die schöne blaue Farbe nach verhältnißmäßig kurzer Zeit.

Picea sitchensis (Trautv. & Mayer).

Picea Sitkaensis (Mayr). — Sitka-Fichte. — Sitka Spruce.

Anbaufläche 64,65 ha. Zahl der Versuchsreviere: 45.

Heimath: Küstengebiet des westlichen Nordamerika vom nördlichen Kalifornien bis Alaska, hauptsächlich verbreitet in Britisch-Columbia.

Das Wärmebedürfniß der Sitka-Fichte ist bei uns nicht größer als jenes der heimischen Fichte, dagegen stellt sie zu ihrem freudigen Gedeihen größere Ansprüche an die Feuchtigkeit sowohl des Bodens als der Luft wie diese.

Hinsichtlich des Gehaltes des Bodens an mineralischen Nährstoffen ist die Sitka-Fichte wenig wählerisch und wächst sowohl auf Sandboden als auf Lehm und auf strengem Thonboden. Am besten gedeiht sie auf frischem bis feuchtem, stark humosem und selbst stark anmoorigem Boden, nur stehende Nässe in Einsenkungen mit Thonunterlage sind ihr zuwider. Das Bedürfniß nach größerer Luftfeuchtigkeit bringt es mit sich, daß die Sitka-Fichte einerseits in den Mittelgebirgen, namentlich auch im Hunsrück und auf der Eifel, sowie andererseits im Küstengebiet von Königsberg bis Ostfriesland besonders günstige Entwickelung zeigt. Sie zeichnet sich namentlich in Schleswig-Holstein und weiter westlich vortheilhaft vor unserer Fichte aus, welche dort häufig vollkommen versagt.

Bemerkenswerth erscheint namentlich auch, daß sie unempfindlich gegen Ueberschwemmungen und Stauwasser ist. Forstmeister Schmidt aus Grüne-walde (Rgb. Magdeburg) theilt mit, daß er wegen seiner in dieser Richtung bereits gemachten Beobachtungen im Jahre 1899 ca. 50 Stück 5jährige Pflanzen mit Ballen auf Hügel in ein von bisher mit Eschen bestandenes Loch dicht am Elbdeich, welches bei jedem Hochwasser voll Drängwasser ist, gesetzt habe. Während der Monate April und Mai 1900 haben die Pflanzen etwa 6 Wochen im Wasser gestanden, meist bis zur Spitzknospe überschwemmt, ohne im mindesten zu leiden.

Das Wurzelsystem entspricht jenem von Pic. excelsa und besteht aus einer großen Menge von ziemlich oberflächlich und ungemein weit aus-streichenden Seitenwurzeln.

Die jungen Pflänzchen sind im ersten Jahre winzig und auch im 2. Jahre noch kleiner als jene der Fichte, erst vom 5. Jahre ab beginnt lebhafteres Höhenwachsthum, welches die Fichte meist bald übertrifft. In der Oberförsterei Cattenbühl sind die älteren, bis 18jährigen Exemplare doppelt so hoch wie die gleichaltrigen Fichten.

Höhenentwickelung der besseren Anlagen:

Alter: Jahre	Mittelhöhe m	Oberhöhe m
5	0,8	1,3
10	2,6	4,2
15	5,0	8,0
20	8,0	11,5

In ihrer Heimath wird sie bis 80 m hoch, 60 m hohe Bäume sind keine Seltenheit. Bemerkenswerth ist der cylindrische Aufbau des Schaftes. Das Wachsthum der Aeste ist in den ersten Jahren erheblich langsamer als bei der Fichte, während bei dieser die lebhafte Höhenentwickelung erst beginnt, wenn sich die Kulturen anfangen zu schließen, wachsen bei Picea sitchensis die einzelnen Pflanzen mit verhältnißmäßig kurzen Aesten isolirt in die Höhe und schließen sich erst später. Die Reinigung von den Aesten vollzieht sich langsam, weshalb Erziehung in dichtem Schluß nothwendig erscheint.

Hervorzuheben ist die Neigung zur Bildung von Doppeltrieben, welche im Interesse der Ausbildung schöner Schäfte möglichst frühzeitig vereinzelt werden müssen.

Auf frischem und feuchtem Boden sind die Nadeln starrer als auf trockenem, wo sie sich schlaffer anfühlen und auch nicht die üppige Ausbildung zeigen wie dort.

Die Pflanzen gewähren mit ihren langen, dunkelgrünen Nadeln, welche an der Oberseite zwei weiße Spaltöffnungsreihen tragen, einen prächtigen Anblick. Sargent rühmt die Schönheit der älteren Bäume, welche bald silberweiß schillern, bald dunkel glänzen.

Picea sitchensis verträgt keine Beschattung von oben und ist in dieser Richtung noch lichtbedürftiger als unsere Fichte; etwas Seitenschutz ist willkommen, mag dieser von einem umliegenden Altholzbestand oder durch einen Zwischenstand von Weichhölzern und Schlagunkräutern gewährt werden, letzteres gilt namentlich für Einsenkungen, welche der Spätfrostgefahr ausgesetzt sind. Indessen ist dieser Schutz kein unbedingtes Bedürfniß, wie namentlich die gute Entwickelung der Kulturen auf ausgedehnten Aufforstungsflächen, sowie auf sonstigen Freikulturen beweist.

Das Holz der Sitka-Fichte entspricht in seinen Eigenschaften annähernd jenem unserer Fichte, ist nur etwas dunkler gefärbt. Spec. Gew. 0,43. Wird in großen Mengen zum Bau und zur inneren Ausstattung der Häuser, zu Einzäunungen ꝛc. verwendet.

Unter Frost leidet Picea sitchensis bei uns nur in den ersten beiden Jahren, späterhin kann sie als vollständig hart gegen Winterfröste bezeichnet werden, nur in exponirten Lagen werden die Nadeln roth, bisweilen sogar auch durch Frosttrockniß getötet, so daß sie abfallen, die Pflanze selbst leidet jedoch nicht.

Gegen Spätfröste verhält sie sich wie unsere Fichte.

Die schwachen Pflanzen sind auch gegen Dürre empfindlich.

Pflanzen auf ungünstigen Standorten, namentlich in Frostlagen, werden von einer Chermes-Art stark befallen.

Rüsselkäfer und Engerlinge verhalten sich zur Sitka-Fichte ebenso wie zur heimischen Art.

Infolge der starren und spitzen Nadeln wird die Sitka-Fichte wenig durch Wild verbissen, dagegen fegen die Cervus-Arten gerne daran.

Agaricus melleus wird ihr ebenso schädlich wie der Pic. excelsa.

Da die Pflanzen in den ersten beiden Jahren sehr klein bleiben, so ist der Vorbereitung und Pflege der Saatbeete besondere Sorgfalt zu widmen.

Weder trockener noch feuchter oder bindiger Boden eignet sich hierzu, ebenso müssen windige und sonnige Freilagen vermieden werden. Lockerer, frischer, unkrautfreier Boden giebt die besten Resultate.

Der Samen ist kleiner als bei der gewöhnlichen Fichte; da die Sämlinge auch 2 Jahre stehen müssen, bevor sie verschult werden können, so genügen 0,8 kg pro Ar, welche wegen der Gefahr des Auffrierens in schmale Rillen zu säen sind.

Während des Keimens und noch einige Wochen nachher müssen die zarten Pflanzen gegen die Einwirkung der Sonne sorgfältig geschützt werden, im Winter sind die Saatbeete zur Vermeidung des Auffrierens mit Moos einzudecken.

Wegen der langsamen Jugendentwickelung eignen sich nur verschulte, 4 bis 5jährige Pflanzen zur Bestandesanlage. Mit derartig starkem Material können auch Kulturen auf Freilagen ohne Bedenken ausgeführt werden und sind die Mißerfolge durch Frost, Dürre und Unkrautwuchs zum großen Theil auf die Verwendung zu schwachen, unverschulten Materiales zurückzuführen.

Wegen der langsamen Reinigung von Aesten ist zur Erziehung reinschaftiger Exemplare ein enger Verband, am besten in reihenweiser Mischung mit Pic. excelsa zu empfehlen.

Auch in Buchenverjüngungen eingesprengt, wächst sie freudig.

Ergebniß.

Die Sitka-Fichte gedeiht in Norddeutschland gut und eignet sich namentlich zum Anbau im Küstengebiet, sowie im Gebirge, ferner auf anmoorigen und feuchten Standorten der Ebene.

Ihre Vorzüge gegenüber der heimischen Fichte sind: a) die größere Massenerzeugung, b) das Gedeihen auf Standorten, welche der Fichte bereits zu feucht sind, c) die gute Entwickelung in Schleswig-Holstein, sowie in Nordwestdeutschland, in Gebieten, wo die Fichte versagt oder nur kümmerlich wächst.

Bezüglich ihrer Entwickelung lauten die abgegebenen Urtheile sämmtlich äußerst günstig und Forstrath Witzell in Trier schreibt über diese Holzart: „Als eine zweifellose Bereicherung unseres forstlichen Baumschatzes ist auch Picea sitchensis anzusehen. In welcher Weise diese in der Jugend erlittene Frostbeschädigungen zu überwinden vermag, kann hier (Eifel) mehrfach festgestellt werden: vollständig aufgegebene und mit Fichten nachgebesserte Kulturen haben sich bald völlig erholt und die zur Nachbesserung ver-

wandten Fichten überholt. Auch mit Pic. sitchensis sind Oedlandsauf=
forstungen in der Königl. Oberförsterei Prüm (bei etwa 580 m über N N
auf Grauwack) vorgenommen worden, die, jetzt als 10jährig, tadellosen
Wuchs zeigen."

Unter diesen Umständen ist Picea sitchensis zum ausgedehnten Anbau
auf den als zusagend bezeichneten Standorten zu empfehlen.

Pinus Banksiana (Lamb.).

Pinus divaricata (Gord.) — Banks Kiefer. — Jack Pine.
Anbaufläche 12,17 ha. Zahl der Versuchsreviere: 8.

Im kälteren nordöstlichen Nordamerika von Halifax bis zur Bai von
Chaleurs heimisch, sehr verbreitet in Michigan, wo sie große Strecken un=
fruchtbaren Sandes bedeckt.

Die Bankskiefer wurde zu den Anbauversuchen seit dem Jahre 1891
wegen ihrer Anspruchslosigkeit an den Boden herangezogen. Sie hat die
gehegten Erwartungen voll erfüllt, indem sie auf dem ärmsten Sandboden,
selbst auf Flugsand, sehr gut und jedenfalls besser als irgend eine andere
unserer forstlichen Holzarten gedeiht, dabei ist sie vollständig frosthart und
verträgt Dürre besser als Pinus silvestris.

Die vorliegenden Berichte sind voll des Lobes über ihre Anspruchs=
losigkeit an den Boden, Widerstandsfähigkeit gegen Dürre, Frost und
Schütte.

Das Wurzelsystem ist weitverzweigt und besteht aus einer Herzwurzel
mit vielen Fasern= und Seitenwurzeln.

Pinus Banksiana besitzt eine außerordentlich rasche Jugendentwickelung.
Der Längstrieb wird nicht nach Art unserer Kiefern bald abgeschlossen,
sondern dauert mit einigen Unterbrechungen bis zum Spätsommer fort, so daß
man sagen kann, sie macht in einem Jahr zwei und selbst drei Längstriebe.

Das Höhenwachsthum zeigt bis jetzt folgenden Gang:

Alter: Jahre	Mittelhöhe m	Oberhöhe m
2	0,2	0,5
5	1,6	2,5
9	3,0	4,5

In ihrer Heimath erreicht sie selbst unter günstigen Verhältnissen nur
eine Höhe von 22 m und 60 cm Durchmesser, auf den sterilsten Böden
bleibt sie erheblich niedriger.

Pinus Banksiana ist erheblich raschwüchsiger als die gemeine Kiefer und
übertrifft letztere in den Mischkulturen im Alter von 7 bis 10 Jahren
durchschnittlich etwa um 1 m an Höhe.

Der Habitus von Pinus Banksiana unterscheidet sich wesentlich von
jenem der gemeinen Kiefer und nähert sich jenem der Zirbelkiefer oder
der Fichte.

Bemerkenswerth erscheint, daß schon 6jährige Pflanzen Zapfen tragen, welche im Oktober des zweiten Jahres reifen. Der Samen besitzt bis zu 60% Keimfähigkeit. Zum Ausklengen der Zapfen genügt nach den Versuchen des Forstmeisters Boden eine geringe Wärme.

Bei dem hohen Samenpreis von über 100 Mk. für das Kilogramm ist diese Eigenthümlichkeit sehr erwünscht, um bald von den amerikanischen Lieferanten unabhängig zu werden.

Das Holz besitzt nur geringen Werth, ist leicht, spec. Gewicht 0,48, weich und grobfaserig. Mayr ist der Ansicht, daß das braun gefärbte Kernholz jenem der gemeinen Kiefer an Güte kaum nachstehen dürfte.

Gegen Hasen, Rehe und namentlich gegen Rothwild bedarf Pinus Banksiana des Schutzes. Letzteres wird durch Fegen, Schlagen und Schälen so verderblich, daß Kulturen ohne Eingatterung völlig aussichtslos sind, wo dieses vorkommt.

Von Tortrix buoliana wird sie, wohl wegen ihres starken Terpentingehaltes, mit Vorliebe aufgesucht.

Das Reproduktionsvermögen ist erheblich und werden selbst ziemlich bedeutende Schäden nach kurzer Zeit ausgeheilt.

Zur Kampfsaat ist 1 kg Samen pro Ar erforderlich, die jungen Pflanzen werden im ersten Jahre 10 bis 15 cm hoch und können als Jährlinge zur Bestandesanlage verwendet oder auch verschult werden. Auf den geringsten Böden ist die Kultur zwei= oder dreijähriger verschulter Pflanzen zu empfehlen.

Wenn die Böden nicht zu schlecht sind, dürfte die reihenweise Mischung von Pinus Banksiana und Pinus silvestris zweckmäßig sein, letztere wird sich unter dem Schutz der Bankskiefer besser als in reinen Anlagen entwickeln und wahrscheinlich späterhin den werthvolleren Theil des Bestandes bilden.

Ergebniß.

Pinus Banksiana übertrifft alle anderen Holzarten an Anspruchslosigkeit hinsichtlich der Bodenkraft und eignet sich daher vorzüglich zur Aufforstung der geringsten Oedländereien und von Flugsandflächen. Sie erfreut sich bereits großer Beliebtheit und wird namentlich auch von Privatbesitzern mit Vorliebe unter den angegebenen Verhältnissen kultivirt.

Pinus Jeffreyi (Engelm.).
Jeffrey's Kiefer. — Black Pine

und

Pinus ponderosa (Laws.).
Gelbkiefer. — Bull Pine.
Anbaufläche für Pinus Jeffreyi 1,51 ha in 7 Versuchsrevieren.
=   = Pinus ponderosa 0,58 = = 2   =

Beide Kiefern werden von einigen Dendrologen, so auch von Sargent, zusammengefaßt, von anderen, wie von Mayr und ebenso von Sudworth in seinem „Nomenclature of the arborescent flora of the United States" als zwei vollkommen getrennte gute Arten behandelt.

Bei der Besichtigung unterscheiden sich beide Arten sofort dadurch, daß die jungen Triebe von Pinus Jeffreyi hell weißblau bereift, jene von Pinus ponderosa aber glänzend braun sind.

Die Nadeln von Pinus Jeffreyi haben eine weißlich grüne, jene von Pinus ponderosa eine dunkelgrüne Färbung. Infolgedessen macht erstere schon von weitem einem weißlichblauen, letztere einen gelbgrünen Eindruck.

Für die weitere Betrachtung können hier aber beide Kiefern zusammengefaßt werden.

Sargent sagt hierüber: Pinus ponderosa ist im Westen außerordentlich verbreitet, ihr Gebiet reicht von Britisch-Columbia bis Nieder-Kalifornien und zum nördlichen Mexiko, sowie vom nordöstlichen Nebraska und westlichen Texas bis zur Westküste. Die typischen Formen finden sich namentlich in Washington und Idaho. Im Innern wächst Pinus ponderosa auf trockenem Boden in hochgelegenen Thälern und an trockenen Berghängen, wo sie lichte Waldungen von großer Ausdehnung bildet.

Im südlichen Oregon und nördlichen Kalifornien tritt bei 1300 bis 2000 m die Varietät Jeffreyi auf, sie liebt größere Bodenfrische als die Pinus ponderosa und bevorzugt lockeren, kiesigen, sandigen Boden mit reichlicher, wechselnder, nicht stagnirender Feuchtigkeit.

In den höchsten Lagen von 2500 bis 3800 m Höhe findet sich noch eine Pinus ponderosa var. scopulorum.

Während Pinus ponderosa (mit Pinus Jeffreyi und der var. scopulorum) der am weitesten verbreitete Baum des westlichen Nordamerikas ist, gedeiht sie im Osten gar nicht, die Pflanzen gehen hier nach wenigen Jahren zu Grunde.

Hinsichtlich des Holzes unterscheiden sich die genannten Formen wesentlich.

Pinus ponderosa hat festes, hartes, aber sprödes Holz, nicht dauerhaft bei Berührung mit dem Boden, spec. Gewicht 0,48.

Pinus Jeffreyi besitzt ein grobfaseriges, meist sehr harzreiches Holz mit einem spec. Gewicht von 0,52.

Das Holz von Pinus ponderosa var. scopulorum ist spröde und hat nur ein spec. Gewicht von 0,46.

Das Ergebniß der Anbauversuche ist für beide Arten wenig günstig, weil sie in Norddeutschland jedenfalls eine zu niedere Wärme und zu trockene Luft angetroffen haben.

Die Kulturen haben sich anfangs leidlich entwickelt, aber bald fingen alljährlich Exemplare an, aus nicht ersichtlichen Ursachen einzugehen.

So verlichteten die Anlagen immer mehr und mehr, das Wachsthum der übrig gebliebenen Exemplare ist kümmerlich, weshalb die entstandenen

Lücken meist mit anderen Holzarten ausgepflanzt worden sind, zwischen denen noch einzelne kränkliche Gelbkiefern oder Jeffrey=Kiefern stehen.

Der Anbau von Pinus ponderosa, welche wohl hinsichtlich der Luft= feuchtigkeit noch größere Ansprüche stellt als Pinus Jeffreyi, war schon im Jahre 1890 als aussichtslos zu bezeichnen und ist so gut wie vollständig verschwunden, nur in der Oberförsterei Freienwalde befinden sich noch zwei Anlagen von größerem Umfange, welche nach langjährigem Stillstand eine bessere Entwickelung zeigen, seitdem der Kiefern=Mischbestand den Fuß zu decken beginnt und wieder Schluß eingetreten ist.

Etwas besser hat sich Pinus ponderosa var. scopulorum bewährt, wovon im Jahre 1888 durch Vermittelung des Pflanzschulenbesitzers Dr. Dieck in Zöschen eine Samen=Sendung hierher gelangt ist. Die 12jährigen Pflanzen haben eine Mittelhöhe von 1,7 m, eine Oberhöhe von 4,3 m. In der Oberförsterei Biesenthal werden sie jedoch von der beigemischten Pinus sil- vestris überwachsen.

Verhältnißmäßig am günstigsten hat sich Pinus Jeffreyi entwickelt, wo sie auf frischem, lockerem, kräftigem Boden angebaut worden ist, wie z. B. in Rosenfeld, Rgb. Merseburg; hier haben die 16jährigen Pflanzen eine Mittelhöhe von 3 m und eine Oberhöhe von 6 m, immerhin bleibt sie aber auch auf den besten Kulturen gegen die gemeine Kiefer zurück.

Ergebniß.

Es erscheint als aussichtslos, den Versuch mit Pinus Jeffreyi und pon- derosa in Norddeutschland noch weiter fortzusetzen und muß darauf ver- zichtet werden, diese Arten, welche in der Heimath Höhen bis zu 90 m er- reichen, bei uns erziehen zu wollen.

Mit Rücksicht auf die Beschaffenheit des Holzes, welches jenes unserer gemeinen Kiefer jedenfalls nicht übertrifft, ist dieser Mißerfolg jedoch nicht zu beklagen.

Pinus Laricio Poiretiana (Endl).
Pinus corsicana Hort. — Korsische Schwarzkiefer.
Anbaufläche 12,11 ha. Zahl der Versuchsreviere: 9

Heimath: Die Gebirge von Griechenland, Süditalien und Spanien, in besonders mächtigen Stämmen, bis zu 45 m hoch, auf Korsika vertreten.

Sie war von Booth in seinem Referat wegen ihrer Genügsamkeit, Widerstandsfähigkeit und Raschwüchsigkeit empfohlen worden, in der An- nahme, daß die nördlicheren Breitengrade Deutschlands durch das heimath- liche Vorkommen in höheren Gebirgslagen ausgeglichen werden dürften.

Wie bereits in der Denkschrift vom Jahre 1890 festgestellt worden ist, findet diese Kiefer nur in einem kleinen Theile Preußens die zu ihrem Ge- deihen nöthigen Bedingungen. Bei längerer Beobachtung hat sich dieses

Gebiet sogar noch verengt, indem auch Schleswig-Holstein jetzt Mißerfolge meldet. Nur die linksrheinischen Anbaureviere: Roetgen (Rgb. Aachen), Karlsbrunn (Rgb. Trier) und Kottenforst (Rgb. Cöln) berichten von gutem Wachsthum, welches sich in der letzten Zeit noch günstiger gestaltet hat als bei der gemeinen Kiefer, letzteres gilt namentlich für die zum Gebiet des hohen Venn gehörige Oberförsterei Roetgen.

Außerhalb dieses Gebietes zeigt Pinus corsicana nur in Zoeckeritz noch mittelmäßiges Wachsthum. Im Riesengebirge (Oberf. Ullersdorf), wo früher ihr Gedeihen gerühmt wurde, ist die Entwickelung jetzt, allerdings auf einem verwahrlosten Südhang, gering.

Die Ansprüche, welche Pinus corsicana an den Boden stellt, sind höher als jene von Pinus silvestris, sie verlangt mindestens frischen, lehmigen Sandboden. Die Wurzeln bleiben in den ersten Jahren schwach und klein, späterhin nähern sie sich bezüglich ihrer Ausbildung der gemeinen Kiefer.

Das Höhenwachsthum ist anfangs etwas langsamer als bei dieser, die beste jetzt 15jährige Kultur in Roetgen hat eine Mittelhöhe von 5 m und eine Oberhöhe von 7 m.

Wenn die klimatischen Verhältnisse zusagen, so wird ihr höchstens Agaricus melleus gefährlich, unter Schütte leidet sie weniger als die gemeine Kiefer, vom Wild wird sie wegen ihres ganz besonders bitteren Geschmacks fast gar nicht verbissen.

Zur Kultur werden am besten zweijährige verschulte Pflanzen verwendet.

Ergebniß.

Pinus laricio Poiretiana kann für uns zu Forstkulturen nur dann eine gewisse Bedeutung gewinnen, wenn sich die Vermuthung, daß sie sich zur Aufforstung der Haidegebiete des hohen Venn, der Schneifel und Eifel besser eignet, als die gemeine Kiefer, durch die weiteren Beobachtungen bestätigt.

Pinus rigida (Mill.).

Pechkiefer. — Pitch pine.

Anbaufläche 146,55 ha. Zahl der Versuchsreviere: 30.

Heimath: Oestliches Nordamerika, von St. John's River in Neu-Braunschweig bis in's nördliche Tennessee reichend. Ein Bewohner sandiger Ebenen und trockenen, kiesigen Schwemmlandes.

Nach den Ergebnissen der preußischen Anbauversuche stellt Pinus rigida nur sehr geringe Ansprüche an den Boden, wird aber in dieser Hinsicht noch von Pinus Banksiana übertroffen. Auf anmoorigem Sandboden entwickelt sie sich gut und gedeiht namentlich in der Oberförsterei Aurich (Ostfriesland) auf einer tiefgelegenen Aufforstungsfläche (Ostermeer), deren Gehalt an Seesalz noch so bedeutend ist, daß andere Holzarten versagen.

Auf den besseren Bodenklassen wird das Wachsthum zu üppig, die Triebe verholzen spät und legen sich infolgedessen leicht zu Boden, richten sich aber dann später wieder etwas auf; kommt noch Schneedruck hinzu, so erhält die Pflanze ein eigenthümlich kriechendes und schlangenförmiges Aussehen, wie jenes der Bergföhre im Hochgebirge.

Im Gebirge ungeeignet, indem sie hier stark unter Schneebruch leidet.

Die Pfahlwurzel entwickelt sich langsam und ist erst im zweiten Jahre etwa 20 cm lang, dagegen besitzt sie ein sehr reiches System von Faserwurzeln. Das Längenwachsthum ist auf allen ihr zusagenden Standorten vom dritten Lebensjahre an ein äußerst rasches, läßt aber schon frühzeitig, etwa mit dem zehnten Jahre, wieder nach.

Skizze des Höhenwuchses:

Alter: Jahre	Mittelhöhe m	Oberhöhe m
5	2,0	2,5
10	4,5	3,5
15	5,8	7,5
20	6,5	8,5

In der Heimath wird sie durchschnittlich 20 m, selten 25 m hoch.

Das Stärkenwachsthum ist in der Jugend ebenfalls weit beträchtlicher als bei Pinus silvestris, die stärksten Exemplare haben im Alter von neun Jahren einen Brusthöhendurchmesser von 5 cm, mit 20 Jahren einen solchen von 14 cm.

Bemerkenswerth erscheint namentlich das Verhältniß des Höhenwachsthums zwischen Pinus rigida und Pinus silvestris: Bis zum 8. Jahre ist erstere entschieden vorwüchsig, etwa im 10. Jahre werden sie einander gleich und vom 12. Jahre ab geht Pinus silvestris rascher in die Höhe als Pinus rigida.

Die Ausschlagsfähigkeit der Pechkiefer ermöglicht ihr, die Trockenheit leichter zu überwinden und selbst ziemlich bedeutende Verletzungen durch klimatische Einflüsse, Wildverbiß, Rüsselkäferfraß und Waldfeuer wieder auszuheilen. Sie schlägt auch gut vom Stock aus.

Pinus rigida ist entschieden lichtbedürftig und leidet unter Seitenschatten. Zur Auspflanzung kleiner Lücken in älteren Kulturen eignet sie sich deshalb nicht. Dagegen scheint anderseits der Seitenschutz der etwas vorwüchsigen Pinus rigida unserer gemeinen Kiefer in Mischkulturen sehr wohl zu thun und entwickelt sich letztere hier ungleich kräftiger als in reinen Kulturen auf den gleichen geringen Standorten.

Die Lichtbedürftigkeit der Pinus rigida äußert sich auch in der lebhaften und frühzeitigen Ausscheidung eines Nebenbestandes, sowie darin, daß nur die nach allen Seiten freistehenden Exemplare später kräftig weiter wachsen. Frühzeitige und sehr kräftige Durchforstung sind infolgedessen nothwendig.

Bereits mit dem 6. Jahr beginnt die Produktion von Zapfen, welche jedoch erst etwa vom 12. Jahre an keimfähigen Samen enthalten. Letzterer wird bereits an verschiedenen Orten (z. B. Freienwalde) regelmäßig gewonnen und zu Kamp-Saaten mit gutem Erfolg angewendet.

Das Holz ist hellgefärbt, nicht fest, spröde, grobfaserig, aber sehr dauerhaft (spec. Gewicht 0,52). Es enthält große Mengen von Terpentin, woraus vor Erschließung der „Southern pines" in den Vereinigten Staaten große Mengen von Harz und Theer gewonnen wurden.

Im Allgemeinen muß Pinus rigida auf den ihr zusagenden, d. h. auf den sandigen und trockenen Standorten als widerstandsfähig gegen Witterungseinflüsse bezeichnet werden. Dürre und Frühfrost schädigen in den ersten Lebensjahren gelegentlich die Sämlinge. Der Einfluß der Winterfröste richtet sich im Wesentlichen darnach, ob die Triebe gut verholzen oder nicht.

Da letzteres auf kräftigem und auf nassem Boden weniger rasch und vollständig geschieht, als auf trockenem Sandboden, so ist die Frostgefahr dort größer als hier. Schneedruck macht sich in den ersten Jahren bei sehr üppigem Wachsthum der Pflanzen, sowie im Gebirge bemerkbar. Durch die Last des Schnees werden theils Aeste ausgebrochen, theils die ganzen Pflanzen umgeknickt.

Gegen Spätfröste ist sie ganz unempfindlich. In Oberfier (Rgb. Cöslin) hatte im Jahr 1894 ein sehr später Frost die gemeine Kiefer, selbst im 10 jährigen Alter noch schwer beschädigt, während rigida unverletzt blieb.

Ein Hauptfeind der Pinus rigida ist das Rothwild und in etwas geringerem Maße auch das Rehwild. Ersteres vernichtet durch Verbeißen, Schälen und Schlagen bereits starke Kulturen und zieht die Pechkiefer der gemeinen Kiefer bei weitem vor.

Unter Engerlingen und Rüsselkäfern leidet Pinus rigida ebenso wie die gemeine Kiefer.

Von der Schütte bleibt die Pechkiefer fast vollständig verschont und ist jedenfalls erheblich widerstandsfähiger als die gemeine Kiefer, dagegen wird ein recht erheblicher Abgang durch Agaricus melleus verursacht, welcher sie mit Vorliebe befällt.

In neuerer Zeit tritt auch Cenangium (?) an der Pinus rigida auf und macht sich recht unangenehm bemerkbar. Nach meinen im Jahre 1898 bei Bereisung der dortigen Versuchsfläche gemachten Wahrnehmungen dürfte hierauf das jetzt aus Oberfier gemeldete Eingehen größerer Flächen zurückzuführen sein.

Die Pflanzenerziehung erfolgt ebenso wie bei der gemeinen Kiefer, zu Freikulturen eignen sich Jährlinge nur auf etwas frischerem Boden, auf sehr geringem Standort müssen zweijährige Pflanzen, am besten verschulte, verwendet werden.

Für das Anwachsen der Sämlinge ist es günstig, wenn sie bis an die Nadeln eingepflanzt werden.

Ergebniß.

Pinus rigida ist im Laufe der Zeit in forstlichen Kreisen sehr verschieden bewerthet worden.

Im Anfang glaubte man, daß diese Art das berühmte Pitch-pine-Holz des Handels liefere, welches jedoch von den „Southern pines", namentlich von Pinus australis stammt[1]). Diese Auffassung ist indessen weder von Booth[2]) noch durch den Arbeitsplan des Vereins Deutscher forstlicher Versuchsanstalten hervorgerufen worden. Beide haben den Anbau von Pinus rigida wegen ihrer Genügsamkeit und dabei doch relativ guten Holzes empfohlen.

Ein ganz abfälliges Urtheil über Pinus rigida gab Mayr ab.

Auf Grund der Ergebnisse unserer Anbauversuche habe ich in meiner ersten Denkschrift[3]) Pinus rigida für den Anbau von Oedländereien empfohlen, um diese Böden der forstlichen Kultur zurückzuerobern, sowie zum Anbau auf den geringsten Kiefernstandorten.

Die weitere 10jährige Beobachtung veranlaßt mich, diese Ansicht etwas zu modifiziren.

Unzweifelhaft erscheint Pinus rigida zum Anbau von Oedländereien wegen ihrer Genügsamkeit, leichter Kultur, Raschwüchsigkeit und wegen des reichen Nadelabfalles in hervorragender Weise geeignet.

Die Bestände verlichten aber ungemein rasch und machen schon im 20jährigen Alter meist den Eindruck, daß ihr gesammtes Wachsthum im Wesentlichen beendet sei. Unter diesen Umständen erscheint es nicht zweckmäßig, auf Oedländereien und auf geringen Kiefernstandorten eine Generation reiner Pechkiefer von so kurzer Lebensdauer anzuziehen. Die Entwickelung der gemischten Bestände von Pinus silvestris und Pinus rigida lehrt vielmehr, daß das beabsichtigte Ziel „Vermittelung des Anbaues der gemeinen Kiefer" viel zweckmäßiger durch die Anlage von Mischkulturen erreicht wird.

Das vortreffliche Aussehen der zwischen Pechkiefern erwachsenen gemeinen Kiefer zeigt, wie wohlthätig der Schutz und die Besserung des Bodens durch Pinus rigida gewirkt hat. Letztere hat hiermit ihre Aufgabe erfüllt und kann im Durchforstungsweg ausgeschieden werden.

Mit Pinus silvestris vermag Pinus rigida auch auf IV. Standortsklasse nicht zu rivalisiren.

---

[1]) Vgl. Sering, Die landwirthschaftliche Konkurrenz Nordamerikas in Gegenwart und Zukunft. Berlin 1887.

[2]) Booth, Feststellung der Anbauwürdigkeit ausländischer Waldbäume, Berlin 1880, S. 27 und Booth, Die Naturalisation ausländischer Waldbäume in Deutschland, Berlin 1882, S. 127.

[3]) Zeitschrift für Forst- und Jagdwesen 1891, S. 86.

Für den geringsten Boden, namentlich für Flugsand, ist Pinus Banksiana mehr geeignet als Pinus rigida.

Letztere kann daher nur als ein vortrefliches Schutz= und Treibholz für die gemeine Kiefer bei Oedlandsaufforstungen bezw. bei der Kultur von Kiefern auf geringen Standorten empfohlen werden, leistet aber in dieser Richtung vorzügliche Dienste.

Populus serotina (Hartig).
Anbaufläche 0,38 ha.   Zahl der Versuchsreviere: 1.

Von den Versuchsflächen, welche mit dieser Holzart angelegt worden sind, ist nur noch eine einzige, in der Oberförsterei Dippmannsdorf (Rgb. Potsdam) vorhanden, welche bei einem Alter von 13 Jahren eine Mittel= höhe von 5,4 und eine Oberhöhe von 9,1 m besitzt. Der Durchmesser der Stämme beträgt bis 11 cm.

Die Anlage entwickelt sich gut, nur wünscht der Revierverwalter, Forst= meister Rosenthal, daß an Stelle des Quadratverbandes von 2 m ein solcher von 1 bis 1,5 m gewählt worden wäre, weil sie sich schwer von den Aesten reinigt.

Nach meinen Beobachtungen ist das Mißlingen der Versuche darauf zurückzuführen, daß die Anlagen fast sämmtlich auf ungeeignetem, meist zu trockenem oder zu strengem Boden ausgeführt worden sind.

Ergebniß.
Besondere Vorzüge der Populus serotina gegenüber den anderen im forstlichen Betrieb angebauten Pappelarten sind nicht zu beobachten gewesen.

Prunus serotina (Ehrh).
Spätblühende Traubenkirsche. — Black Cherry.
Anbaufläche 1,72 ha.   Zahl der Versuchsreviere: 11.

Im östlichen Nordamerika weit verbreitet von Neu=Schottland bis Florida, am besten entwickelt in den südlichen Alleghanies.

Gedeiht in Norddeutschland vorzüglich, namentlich auf frischem, kräftigem humosem Boden, sie wächst aber auch auf humosem Sandboden freudig, wenn er nur einigermaßen frisch ist. Sehr fetter und feuchter Boden, wie in Hambach (Rgb. Aachen) ist der Entwickelung insofern nicht einmal günstig, als die Pflanzen zu üppig wachsen, die Höhentriebe sich umlegen und keine Aussicht für die Erziehung eines glatten, geraden und astreinen Schaftes vorhanden ist. Andererseits habe ich beobachtet, daß sich Prunus serotina auf einer Stelle mit ganz reinem Sand zu einem kräftigen, schlanken Schaft entwickelt hat.

Auch in ihrer Heimath ist Prunus serotina sehr bodenvag, und wächst einerseits auf reichen, feuchten Böden gemischt mit Betula lenta, Acer saccharinum und Carya alba, andererseits auch auf leichtem, sandigem Boden und auf den Klippen von Neu-England.

Sie ist eine Lichtpflanze, seitliche Beschattung wird ertragen und wirkt günstig zur Vermeidung der Astbildung, außerdem wächst sie auch im Schatten lichterer Kiefernstangenorte, ähnlich wie die Traubeneiche.

Das Wurzelsystem besteht aus kräftigen, tiefgehenden Herzwurzeln mit vielen starken Seitenwurzeln.

Hinsichtlich des Höhen- und Stärkenwachsthums übertrifft sie alle heimischen Holzarten, nur die Esche zeigt auf günstigem Boden ähnliche Entwickelung.

Höhenwachsthumsgang:

Alter: Jahre	Mittelhöhe m	Oberhöhe m
5	1,8	2,5
10	4,0	6,0
15	6,5	10,0

Auf günstigem Standort erreicht sie in Amerika eine Höhe von 30 bis 35 m.

Im 11. Jahre beginnt die Pflanze auf warmem Boden und in Freistand zu blühen, die Früchte reifen im Oktober.

Das Holz ist leicht, fest und ziemlich hart, spec. Gewicht 0,58, hellbraun bis roth gefärbt mit einer glänzenden Oberfläche, welche eine sehr schöne Politur annimmt, es wird in Amerika außerordentlich geschätzt, namentlich für Vertäfelung, die große Nachfrage hat bereits dazu geführt, daß stärkere Stämme überhaupt nicht mehr vorhanden sind.

Die Winterkälte wird in Norddeutschland anstandslos ertragen, Früh- und Spätfröste sind wegen der lederartigen Beschaffenheit der Blätter unschädlich.

Schwache Pflanzen werden von Hasen und Kaninchen abgeschnitten, starke vom Rehbock gefegt, was bei der dünnen Rinde sehr nachtheilig wirkt, dagegen wird Prunus serotina von Wild nicht verbissen.

Mäuse haben durch Schälen mehrfach Schaden angerichtet.

Wenn die Früchte alsbald nach der Reife noch im Herbst ausgesät oder während des Winters in Sand eingeschlagen aufbewahrt werden, so keimen sie im nächsten Frühjahr, sonst liegen sie ein Jahr über, wenn sie nicht vor der Aussaat mindestens 3 Tage in Wasser eingequellt werden. Die Beschleunigung des Keimprozesses ist erwünscht, weil eine Arvicola-Art die überliegenden Samen benagt.

Die einjährigen Pflanzen werden 20 bis 30 cm hoch, alsdann verschult und als dreijährige Lohden etwa 1,5 m hoch ins Freie verpflanzt.

Mit Rücksicht auf die Neigung zur Zwiesel- und Astbildung ist bei der Bestandesanlage enger Verband, am liebsten, wenn thunlich, Einzelmischung zwischen anderen Arten empfehlenswerth.

Ergebniß.

Wangenheim, Burgsdorff und Michaux haben Prunus serotina bereits vor mehr als 100 Jahren zur Forstkultur in Deutschland empfohlen. Burgsdorff und Wangenheim betonten, daß sie auch mit geringem Boden noch vorlieb nehme und sich deshalb besonders für die Mark Brandenburg eigne. Das Holz wird schon von Wangenheim und Michaux als ein außerordentlich hochwerthiges gerühmt, welches dem Acajouholz und jenem der schwarzen Wallnuß gleichstehe.

Die bisherigen Beobachtungen haben diese Annahme hinsichtlich ihres Gedeihens in Deutschland voll bestätigt, insbesondere dürfte sich Prunus serotina dazu eignen, in den Kieferngebieten der östlichen Provinzen ein werthvolles Laubholz zu erziehen, wenn ihr die frischeren Einsenkungen überlassen werden. Mit sehr gutem Erfolg ist sie mehrfach zur Ausfüllung von Pilzlöchern in Kiefernstangenorten verwendet worden.

Wegen ihrer Raschwüchsigkeit eignet sie sich auch sehr zur Auspflanzung von Lücken in Laubholzverjüngungen, sowie zur Einsprengung in Buchen= schonungen.

Jedenfalls verdient Prunus serotina besondere Beachtung und umfang= reicheren Anbau.

Pseudotsuga Douglasii (Carr.).
Pseudotsuga mucronata (Sudworth) — Douglasia (Douglasfichte). —
Douglas Spruce.
Anbaufläche 146,17 ha.   Zahl der Versuchsreviere: 74.

Im westlichen Nordamerika weit verbreitet, gedeiht durch 32 Breiten= grade, „verträgt die heftigen Stürme und langen Winter des Nordens ebensogut wie den fast ständigen Sonnenschein der mexikanischen Cordilleren, wächst sowohl in den feuchten Nebelregionen des Pacific als auf den trockenen Lagen des Innern, wo Monate hindurch jedes Jahr kein Tropfen Regen fällt.

Kein amerikanischer Baum erster Größe ist so weit verbreitet und liefert soviel Holz. Die Raschheit des Wachsthums und die Fähigkeit Schäden auszuheilen macht ihn zum werthvollsten Bewohner der nord= westlichen Waldungen.“ (Sargent.)

Daß eine Holzart, welche unter so verschiedenen Bedingungen gedeiht, erhebliche Verschiedenheiten in Wuchs und Holzqualität aufzuweisen hat, ist begreiflich. Sargent theilt die Gattung Pseudotsuga in 2 Arten:
Pseudotsuga mucronata (Sudworth),
Pseudotsuga macrocarpa (Torrey) Mayr.
Der Unterschied beider Arten liegt botanisch in der Größe der Zapfen (mucronata 6 bis 8 cm, macrocarpa 13 cm lang), ferner in der

Größe und Beschaffenheit der Zapfenschuppen und Blüthenschuppen[1]).
Die Nadeln von mucronata sind meist gelblichgrün, selten blaugrün, jene
von macrocarpa bläulichgrau. Letztere kommt nur in den dürftigen
Waldungen in Süd- und Südwestabhängen der trockenen Lagen des südlichen Californiens vor, erreicht höchstens eine Höhe von 24 m. Sargent
empfiehlt sie nur da zum Anbau, wo die Sonne heiß und trocken, der Winter
mild und regenarm ist. Für Deutschland kommt diese Art nicht weiter in
Betracht.

Pseudotsuga mucronata variirt aber ebenfalls in der Farbe ihrer
Nadeln zwischen gelbgrün und blaugrün[2]), in den Kulturen lassen sich sehr
verschiedenartige Farben ohne Unterschied im Wuchs erkennen.

Mayr unterscheidet nun außerdem eine besondere Varietät Pseudotsuga
Douglasii var. glauca, Coloroda-Douglasia, mit auffallend hellweißlicher
Färbung der Nadeln, welche in Colorado, New-Mexiko und Arizona
heimisch ist.

Diese Form ist zwar in den östlichen Vereinigten Staaten frosthart, d. h.
unempfindlicher gegen die trockene Kälte als die gewöhnliche gelbgrüne
Form[3]), dagegen erheblich langsamwüchsiger.

Da die normale Form der Douglasia in Deutschland vollständig
winterhart ist, so liegt kein Grund vor die blaue Varietät zu bevorzugen,
umsomehr da sie auch geringwerthigeres Nutzholz liefern soll.

Endlich hat man nach der Farbe des Holzes zwei Formen unterschieden: Yellow fir und red fir, deren Einführung vor 10 Jahren zu
einer scharfen Polemik zwischen Booth und Dieck geführt hat[4]). Sargent

---

[1]) Sargent giebt folgende Diagnosen;
Pseudotsuga mucronata: Leaves usually rounded and obtuse at the apex,
dark yellowgreen or rarely bluegreen, cones small, their bracts much exserted.
Pseudotsuga macrocarpa: Leaves acuminate at the apex, bluish gray
cones large, their bracts sligtly exserted.
Vergl. auch Mayr, Die Waldungen in Nordamerika, S. 278.

[2]) The leaves are . . . dark yellow-green or rarely light or dark bluish-
green at maturity.
. . . More beautiful are the plants from Colorado and from the mountains
of Mexico with blue and glaucous foliage.

[3]) Sargent Vol. XII. p. 91: Early attempts to introduce it into the eastern
United States by means of plants obtained in England and raised from seeds
gathered in Oregon . . . were generally unsuccessfull, the young plants soon
succumbing to the heat and dryness of the eastern summers or to the cold of
eastern winters. But in 1862 Dr. C. C. Parry found the Douglas Spruce on the
outer ranges of the Rocky Mountains of Colorado, and the following year sent
seeds to the Botanic Garden of Harvard College. The plants raised from these
seeds have proved perfectly hardy and have grown rapidly and vigorously in
the neighborhood of Boston.

[4]) Vergl. Zeitschr. für Forst- und Jagdwesen 1890, S. 302 und 354.

nimmt in seinem „Silva of North America" an, daß dieser Farbenunter=
schied lediglich eine Folge des Alters sein soll, das Holz jüngerer Stämme
sei dunkler als jenes älterer Bäume[1]).

Was nun das Verhalten dieser Holzart in Preußen anlangt, so ist
hierüber Folgendes zu bemerken:

Das Klima sagt ihr allenthalben zu und gedeiht sie sowohl in der
Nähe der Küste, als auf den höchsten Lagen der Mittelgebirge (Eifel), in
der Johannisburger Haide und bei Düsseldorf sehr gut. Ueber 700 m Höhe
ist sie allerdings, wenigstens zu Versuchszwecken, nicht angebaut worden.

Frischer, milder, humoser Lehmboden behagt ihr am meisten, aber auch
auf lehmhaltigem Sandboden gedeiht sie noch gut, wenn nur genügende
Frische vorhanden ist, auf trockenem Sandboden läßt ihre Entwickelung
nach, unter Kiefernboden III. Klasse sollte mit ihrem Anbau nicht herunter=
gegangen werden. Die Erwartung, daß sie auch auf Dünensand fort=
kommen würde, hat sich nicht bestätigt. Ebenso gedeiht sie nicht auf
strengem Thonboden, alle Oertlichkeiten mit stehender Nässe und Frost=
senken meidet sie, das schlechte Wachsthum macht derartige Stellen schon
von Weitem kenntlich.

Das Wurzelsystem der Douglasia paßt sich sehr den Standortsverhält=
nissen an; auf lockerem Boden bildet sich eine kräftige Pfahlwurzel aus,
auf mehr lehmigem Boden gehen nur einige Herzwurzeln tiefer, während
die übrigen Wurzeln seichter verlaufen, auf felsigem Boden ist das Wurzel=
system nur flach hinstreichend.

Da auf bindigeren Böden das Wurzelsystem nur wenig in die Tiefe
dringt, kommt es vor, daß bereits 10 bis 15jährige Stämme noch durch die
Last großer Schneemassen entwurzelt werden.

Die Höhenentwickelung beginnt ziemlich frühzeitig und scheint ihr
Maximum zwischen dem 10. und 20. Jahre zu erreichen, in welcher Periode
meterlange Triebe sehr häufig vorkommen. Alle Beobachtungen stimmen
darin überein, daß die Douglasia auf den ihr zusagenden Standorten alle
heimischen Holzarten, namentlich Kiefer und Fichte, bei weitem überholt.
Auf trockeneren Sandböden geht allerdings die Kiefer zwischen dem 6. bis
10. Jahre noch rascher in die Höhe als die beigemischte Douglasia, weshalb
letztere hier vor dem Ueberwachsen geschützt werden muß. Sobald aber
das Maximum der Höhenentwickelung eintritt, geht auch in diesen Misch=
kulturen die Douglasia bald über die Kiefer hinaus.

Das Verhalten von Fichte und Douglasia in der ersten Jugend ist
verschieden; ausnahmsweise ist letztere vorwüchsig, so in Grünheide, wo eine

---

[1]) Two varieties of wood, red and yellow, the former coarses grained, darker
colored and less valuable than the latter, are distinguished by lumbermen, and
appear to be largely due to the age of the tree, the wood of young trees
being coarser grained and darker colored than that of old trees. Vol. XII. p. 90.

Anlage von 2jährigen Douglasia mit 4jährigen verschulten Fichten in 1,5 m Reihenabstand ausgeführt wurde. Die Fichten hatten hier von Anfang an einen bedeutenden Vorsprung und beeinträchtigten bald die Entwickelung der Douglasia. Trotz starker Durchforstung der Fichten, Fortnahme von Aesten und Gipfeln sind die Douglasia doch jetzt erheblich geringwüchsiger als auf der unmittelbar daneben befindlichen ursprünglichen Mischkultur von Douglasia und Kiefer, welche unten noch weiter besprochen werden wird.

In Chorin (Weinberg) befindet sich dagegen ebenfalls eine mit 2jährigen Douglasia und 4jährigen verschulten Fichten ausgeführte Anlage, in welcher letztere von Douglasia schon lange vollständig überwachsen und unterdrückt ist.

An fast allen Orten, wo Mischkulturen von Fichte und Douglasia ausgeführt worden sind, ist letztere meist erheblich vorwüchsig.

Mischkulturen von Fichten und Douglasia sind daher empfehlenswerther als solche von Kiefern und Douglasia, weil hier die Kiefer bald sehr sperrig wird und die Douglasia trotz ihrer Neigung, energisch in die Länge zu wachsen, häufig bedrängt und hindert.

Die zahlreichen Versuchsflächen, deren älteste jetzt bereits 23 Jahre zählen, gestatten einen guten Einblick in das Höhenwachsthum der Jugendperiode.

Alter: Jahre	Mittelhöhe	Oberhöhe
5	0,5	1,0
10	3,5	7,0
15	8,5	12,0
20	13,5	15,0
23	16,0	18,0

Das Exemplar im Forstgarten der Oberförsterei Jägerhof war mit 55 Jahren 26 m hoch, in ihrer Heimath erreicht die Douglasia unter den günstigsten Verhältnissen Höhen von 80 bis 90 m.

Bezüglich des Stärkenwachsthums giebt die älteste, nun 23 jährige Anlage in Grünheide (Rgb. Posen) Aufschluß:

Die im Frühjahr 1879 auf einem Löcherkahlschlag von nahezu 10 a mit 2jährigen Douglasia ausgeführte Anlage wurde im Jahre 1895 stammweise nummerirt, gekluppt und im Sommer 1900 wiederholt aufgenommen. Das Ergebniß war auf 1 ha umgerechnet.

	Stammzahl	Durchmesser von bis im Mittel cm	Stammgrundfläche
1895. XII.	941	6 bis 20 13,2	12,56
1900. VII.	859	7 bis 25 17,0	19,55

Der gesammte Kreisflächenzuwachs (einschl. Durchforstung) hat betragen 7,41 qm, pro 1 Jahr demnach: 1,852 qm.

Bemerkenswerth sind hier die verhältnißmäßig geringen Stammzahlen und im Zusammenhang hiermit die beträchtlichen Durchmesser mit 25 cm im Maximum.

Die Erklärung hierfür liegt darin, daß die Douglasia in 3 m Reihen= abstand ausgepflanzt worden waren, dazwischen befanden sich in 1,5 m Abstand Kiefernreihen mit 0,5 m Pflanzenabstand.

Die Douglasia haben aber im Laufe der Jahre die Kiefern überholt und sind ihnen allmählich derart vorangewachsen, daß die Kiefern unter ihrem Druck vollständig verschwunden sind. Außer dem starken Wachsthum der Douglasia mag auch die Beschattung des Altbestandes den Rückgang der Kiefern veranlaßt haben. Herausgehauen wurden sie zu Gunsten der Douglasia nicht, weil diese schon von Anfang an vorwüchsig waren[1]).

Die bisherigen Beobachtungen zeigen, daß in freiem Stand Douglasia ein außerordentlich starkes Dickenwachsthum besitzt, mit 23 Jahren 25 cm, mit 42 Jahren 45 cm[2]) erreicht, doch geschieht dieses auf Kosten der Ast= reinheit. In Grünheide haben die ursprünglich beigemischten Kiefern, späterhin Stockausschläge von Eichen, Hainbuchen, dafür gesorgt, daß die untersten Aeste nicht zu stark geworden sind und wird fernerhin der nun fast vollständig eingetretene Schluß der Douglasia günstig wirken. Das Aussehen der schottischen Anlage in Scone Palace, welche in 3 m Quadrat= verband begründet und immer stark durchforstet sowie aufgeastet worden war, gewährt dagegen trotz ihres vorzüglichen Wuchses ein abschreckendes Bild und gleichen die Stämme aufgeasteten Weymouthskiefern an Wegrändern.

Die Versuchsflächen in dem gewöhnlichen engen Verbande zeigen zwar ein erheblich geringeres Stärkenwachsthum der einzelnen Exemplare, dabei aber eine sehr gute Reinigung von den Aesten, welche jene der Fichten= bestände übertrifft.

Douglasia steht in ihrem Verhalten gegen Licht und Wärme etwa der Fichte gleich. Beschirmung von oben wirkt schon nach wenig Jahren un= günstig, seitliche Beschattung ist zuträglich, auf größeren Kahlflächen ent= wickelt sie sich erst gut, wenn Schluß eingetreten ist.

Am günstigsten ist das Wachsthum in Löcherkahlschlägen von etwa 10 a Größe, sowie unter ganz leichtem Schirm, welcher aber bald entfernt

---

[1]) Die Angaben bezüglich der Bestandesgeschichte beruhen auf gefälliger Mittheilung des Herrn Oberforstmeisters Dittmar, früher in Posen, welcher ihre Geschichte genau kennt. Hiernach ist meine in der Zeitschrift für Forst= und Jagdwesen 1896, S. 668, auf Grund der Angaben des früheren Revierverwalters Mühlig=Hoffmann gemachte Notiz zu berichtigen.

[2]) Scone Palace in Schottland, vgl. meinen Reisebericht, Zeitschr. für Forst= und Jagdwesen, 1896, S. 727.

werden muß und ferner ganz besonders gut auf kleinen Lücken und Blößen in schon etwas stärkeren Kulturen. Aus diesem Grund sowie wegen ihrer Raschwüchsigkeit eignet sie sich vorzüglich zur Füllung von Fehlstellen, sobald diese nicht zu klein sind, Douglasia hat sich gerade nach dieser Richtung hervorragend bewährt und viele warme Freunde gefunden (Grünheide, Oberaula, Castellaun, Mauche, Neuhaus, Taubenwalde 2c.).

Die Nadeln besitzen eine sehr lange Lebensdauer bis zu 8 Jahren.

Douglasia ist vermöge ihrer Blattachselknospen befähigt, Beschädigungen durch Frost und Verbiß verhältnißmäßig leicht zu überwinden. Verloren gegangene Mitteltriebe finden durch heraufwachsende Seitentriebe leicht Ersatz.

Ueber das Holz der Douglasia haben schon ziemlich eingehende Erörterungen in der Litteratur stattgefunden, ich möchte hier nur das Urtheil Mayr's anführen, welcher auf Grund sorgfältiger vergleichender Untersuchungen zu dem Ergebniß kommt, daß Douglasia in ihrem schwersten Holze der Lärche nahe kommt, in ihrem leichtesten Holz aber mit unseren besten Fichten-, Tannen- und Kiefernhölzern auf einer Stufe steht.

Bei ihrer weiten Verbreitung weist das Holz der Douglasia auch in Amerika große Verschiedenheiten auf, ebenso wie dieses auch bei unseren Holzarten der Fall ist.

Die Erfahrungen bezüglich des auf unseren Versuchsflächen wachsenden Holzes lauten sehr günstig, es wird als leicht aber sehr fest gerühmt und daher zu Stangen von Aestungssägen und zu Leiterbäumen mit Vorliebe verwendet, wobei auch noch der schlanke Wuchs mitwirkt. Gatter aus Douglasia-Stangen sind erheblich dauerhafter als solche aus Kiefern.

Douglasia ist bei uns durchaus frosthart selbst in den rauhesten Lagen, nur ein- und zweijährige Pflanzen leiden in strengen Wintern, soweit die Spitzen über den Schnee herausragen, durch Frost und Wind, ohne daß hieraus eine Gefahr für die ganze Pflanze entsteht. Gelegentlich machen sich auch Spätfröste an den zarten Trieben bemerkbar, jedoch nicht in nennenswerther Weise.

Längere Zeit hat das auch in größerem Umfange auftretende Rothwerden von Zweigen und Spitzen, sowie das hiermit zusammenhängende Absterben ganzer Pflanzen die Vermuthung hervorgerufen, daß der Frost diese Theile getötet habe. Abgesehen von jenen Fällen, wo das Rothwerden durch Rüsselkäferfraß oder Fegen des Rehbocks veranlaßt wird, ist es eine Folge einer Pilzerkrankung, welche mit Vorliebe 5 bis 10jährige Pflanzen befällt und periodisch heftiger auftritt.

Nach meinen an den verschiedensten Orten an zahlreichen Exemplaren gemachten Beobachtungen befällt der Pilz[1] zunächst die schwachen Zweige

---

[1] Phoma abietina vergl. Böhm, Zeitschr. für Forst- und Jagdwesen 1896, S. 154.

und Aeste und wächst von hier gegen den Schaft. Ist letzterer noch schwach, etwa 1 bis 2 cm stark, so wird er vom Pilzmycel vollständig umwachsen und hierdurch der oberhalb liegende Theil zum Absterben gebracht. Kräftige Pflanzen, welche nur wenig befallen sind, ersetzen die abgestorbenen Gipfel häufig durch das Aufrichten eines Astes. Sind dagegen mehrere Aeste und Zweige gleichzeitig befallen oder die Pflanze überhaupt schwächlich, so stirbt sie ab. Wenn dagegen der Schaft an der Stelle, wo ihn das Pilzmycel trifft, bereits dicker ist, 4 bis 5 cm und mehr, so stirbt nur eine kreisrunde Stelle des Cambiums und Rindengewebes an der Basis des Zweiges ab. Diese vertrocknet und wird durch das Ausheilen und Nachwachsen von Seiten der benachbarten Theile abgestoßen.

Dieses Fortschreiten der Infektion von der Spitze des Zweiges gegen den Schaft ermöglicht es, letzteren und damit die Pflanze durch das Ab= schneiden der befallenen Theile oberhalb der Grenze der kranken Stelle, welche durch eine wulstige Abschnürung kenntlich ist, zu schützen. Besonderes Augenmerk ist auf die schwachen und kurzen Zweige zu richten, weil von hier aus das Mycel rasch bis zum Schaft vordringt, während Infektionen an der Spitze längerer Aeste weit weniger gefährlich sind.

Gegen Schnee und Duftanhang ist Douglasia ziemlich unempfindlich, da ausgebrochene Gipfel rasch durch Aufrichten von Seitenästen vollständig ersetzt werden. Das Entwurzeln ganzer Pflanzen durch den Schneedruck bei mangelhafter Wurzelbildung auf schwerem Boden wurde bereits oben erwähnt.

Den Beschädigungen durch Fegen, Schlagen und Schälen seitens des Reh= und Rothwildes ist Douglasia im hohen Maße ausgesetzt, durch ihr großes Reproduktionsvermögen heilt sie zwar viele Beschädigungen aus, wenn diese aber eine gewisse Grenze überschreiten, so wird die Pflanze doch vernichtet. Das Schälen dürfte nur in der Jugend zu befürchten sein, da Douglasia sehr frühzeitig eine starke Borke bildet.

Wenn die Pflanzen durch Theer gegen Verbiß geschützt werden sollen, so ist sorgfältig darauf zu achten, daß der Theer nur an die Nadeln, nicht auch an die zarte Rinde gebracht wird.

Mäuse sind hier und da ebenfalls der Douglasia=Kultur schädlich ge= worden.

Von Insekten kommen Hylobius abietis, Strophosomus obesus und Engerlinge als schädlich in Betracht, namentlich ersterer benagt Douglasia mit Vorliebe, doch ist der Schaden wegen des raschen und kräftigen Ueber= wallens meist nur gering.

Zur Bestandesanlage eignen sich am besten 3 oder 4jährige verschulte Pflanzen, welche Seitenschutz durch vorhandene Kulturen oder beigemischtes Schutzholz (Fichte) erhalten oder in Löcherkahlschlägen angebaut werden.

Schirmschläge sind wegen der Empfindlichkeit dieser Holzart gegen Ueber=
schirmung wenig geeignet.

Hervorragend geeignet erscheint sie wegen ihres raschen Wachsthums
zur Ausfüllung von Fehlstellen in Kulturen der verschiedensten Holzarten
auf passendem Boden. Gerade in dieser Richtung hat sie sich in der Praxis
am meisten Beliebtheit errungen und wird von allen Seiten außerordentlich
gerühmt. Sie übertrifft hier die Fichte bei weitem. Forstmeister Borgmann
in Oberaula (Rgb. Kassel) schreibt z. B.: „Die zur Vervollständigung
lückiger Buchengehege so sehr geschätzte Fichte wird von der Douglastanne
in dieser Beziehung bei weitem übertroffen, da sie sich selbst einzeln auf der
kleinsten Lücke eingesprengt niemals von der drängenden Buche unterdrücken
läßt, wie es bei der Fichte so häufig zu beobachten ist."

Ergebniß.

Douglasia hat die hohen Erwartungen, welche man auf ihren Anbau
gesetzt hat, in vollem Maße gerechtfertigt.

In größerem Umfange angebaut als eine der anderen Holzarten, hat
sie von allen Seiten, wo der Standort nicht überhaupt ungeeignet für sie
war, übereinstimmend Anerkennung, von vielen Seiten geradezu enthusiastisches
Lob geerntet.

Von den vielen Urtheilen möge jenes des Frostraths Witzel in Trier
vorgeführt werden, dieses lautet: „Douglasia ist die werthvollste der fremd=
ländischen Holzarten, ihre Einbürgerung allein wiegt die für die gesammten
Anbauversuche aufgewandten Kosten reichlich auf."

Douglasia ist bereits sehr verbreitet in den preußischen Staatsforsten,
es dürfte wenig Oberförstereien geben, wo sie nicht wenigstens in einigen
Exemplaren vertreten ist, auch in den Privatforsten wird sie mit großer
Vorliebe kultivirt.

Sie eignet sich namentlich für zwei Verwendungsarten: einerseits zu
größeren Bestandesanlagen auf den besten Kiefernstandorten, welche eigentlich
für die Kiefer schon zu gut sind, sich aber zur Eichenzucht doch nicht voll
eignen und andererseits zur horst= und gruppenweisen Einsprengung in Laub=
und Nadelholzschonungen. Da sie auch nach den am Harz (Lonau) gemachten
Erfahrungen in allen Lagen gegenüber der Fichte vorwüchsig ist, so wird ihr
auch im Fichtengebiete angemessene Berücksichtigung zu Theil werden müssen.

Die Anbauwürdigkeit und das Gedeihen der Douglasia in Nord=
deutschland erscheint heute bereits ebenso bewiesen, wie jenes der Weymouths=
kiefer. Sie gehört zu jenen Holzarten, welche im großen Betrieb Ver=
wendung finden können und werthvolle Dienste leisten. Meine Wahr=
nehmungen haben mir gezeigt, daß es keiner besonderen Empfehlung mehr
bedarf, sondern daß die Entwickelung der vorhandenen Kulturen besser
für sie spricht, als das lauteste Lob!

Quercus rubra (Linn.).

Rotheiche. — Red oak.

Anbaufläche 41,56 ha.   Zahl der Versuchsreviere: 32.

Die Rotheiche ist durch das ganze Laubholzgebiet der östlichen Vereinigten Staaten verbreitet und geht hier weiter nach Norden, als jede andere Eichenart. In Deutschland wird sie bereits seit mehr als 100 Jahren angebaut und finden sich ältere Exemplare in den verschiedensten Theilen.

Bei den Anbauversuchen hat sie sich ebenfalls unter den mannigfachsten klimatischen Verhältnissen bewährt und gedeiht selbst noch gut in der Johannisburger Haide (Pfeilswalde).

Ihre Ansprüche an den Standort sind in Bezug auf Gehalt an mineralischen Nährstoffen, Feuchtigkeit und Lockerheit erheblich geringer als jene der einheimischen Eichen. Auf Kiefernboden III. Klasse wächst sie gut und zeigt sogar noch auf ziemlich trockenem, verdichtetem Kieselmehlboden der Lüneburger Haide (Neubruchhausen) recht befriedigendes Gedeihen, dagegen ist ihr strenger, nasser Thonboden zuwider.

Die Entwickelung des Wurzelsystems ist im Allgemeinen ebenso wie bei unseren einheimischen Arten, nur steht sie diesen gegenüber an Faserwurzelbildung zurück. Die Verpflanzung von Heistern ist deshalb, namentlich im Zusammenhang mit ihren großen Blättern schwierig, jedenfalls dauert es ziemlich lange, bis sie wieder ein kräftiges Wachsthum zeigen.

An Raschwüchsigkeit ist die Rotheiche unseren heimischen Eichen in der Jugend überlegen und gilt dieses nach den Beobachtungen des Oberförsters Erdmann in Neubruchhausen dort auch noch für 40jährige Exemplare.

Alter: Jahre	Mittelhöhe m	Oberhöhe m
5	2,0	3,0
10	5,0	7,5
15	7,5	10,5
20	12	15

Infolge des sehr raschen Wachsthums sind die Pflanzen schlank und biegen sich bei ihrer reichen und üppigen Belaubung leicht um, die zur Verpflanzung zu verwendenden Halbheister und Heister müssen daher durch wiederholtes Verschulen zu stufigerem Wachsthum veranlaßt oder an Pfähle angebunden werden.

Die Vegetation dauert namentlich bei feuchtwarmer Witterung sehr lange fort, weshalb die Triebspitzen leicht erfrieren. Im Frühjahr ergrünen die Pflanzen zeitig und leiden daher etwas mehr unter Spätfrösten als die heimischen Arten, im Zusammenhang hiermit steht die häufiger vorkommende Zwieselbildung.

Das Holz ist schwer, hart, fest und grobfaserig und steht nach der herrschenden Ansicht hinter jenem unserer heimischen Eichen zurück. In

Amerika wird es indeſſen zu Faßdauben, billigen Möbeln und zur inneren Ausſtattung der Häuſer verwendet. In der Möbelinduſtrie wird ſie wegen ihrer leichten Bearbeitbarkeit und der ſchönen Textur hoch geſchätzt. Die geringe Bewerthung des Holzes der Rotheichen in Amerika mag theilweiſe auch darauf beruhen, daß dieſes eine große Maſſe an Eichenarten beſitzt, welche theilweiſe vortreffliches Holz liefern, namentlich gilt letzteres für die zum Anbau in Deutſchland nicht geeignete Quercus alba.

Die Frühfroſtgefahr iſt bei der Rotheiche wegen der längeren Vege=tationsdauer etwas größer als bei den einheimiſchen Eichenarten, während ſie gegen Winterkälte ebenſo unempfindlich iſt, als letztere.

Dem Wildverbiſſe, namentlich durch Haſen, iſt die Rotheiche im höheren Maße ausgeſetzt als die heimiſchen Arten, das gleiche gilt hinſichtlich der Mäuſegefahr.

Vorausgeſetzt, daß die Kulturen genügend eingefriedigt werden, iſt die Verwendung einjähriger und zweijähriger Sämlinge zur Kleinpflanzung auf tief gelockerten Streifen, welche mehrere Jahre hindurch behackt werden, empfehlenswerth. Ohne genügende Umgatterung verdient die Pflanzung verſchulter und dadurch ſtufig erzogener Halbheiſter in 1,0 m Quadrat=Verband auf tiefbearbeiteten Bodenſtellen den Vorzug.

Wegen ihrer Raſchwüchſigkeit iſt die Rotheiche zur Füllung von Lücken und zur Nachbeſſerung in älteren Kulturen beſonders geeignet. Gegenüber der Buche bleibt ſie auch auf einem der letzteren ſehr gut zu=ſagenden Boden vorwüchſig.

Bei weitem Verband neigt ſie ohne Füllholz zur Aſtbildung.

Eng begründete, reine Kulturen entwickeln ſich ſehr gleichmäßig und bedürfen etwa vom 15. Jahr vorſichtiger und häufig wiederkehrender Ein=griffe, um die Ausbildung beſſerer Kronen zu befördern.

Ergebniß.

Die waldbaulichen Vorzüge der Rotheiche liegen in ihrer verhältniß=mäßigen Anſpruchsloſigkeit an den Standort und in ihrer Raſchwüchſigkeit. Wenn auf mittleren Sandböden das Gedeihen der deutſchen Eichen ſchon zweifelhaft wird und noch Laubholz, namentlich Eichen, gezogen werden ſollen, ſo kommt die Rotheiche in erſter Linie in Betracht, ebenſo verdient ſie beſondere Berückſichtigung zur Auspflanzung von Fehlſtellen in älteren Kulturen.

Der ſchöne Habitus, namentlich aber die prachtvolle Färbung des Laubes verleihen ihr hohen äſthetiſchen Werth und empfehlen ihre Ver=wendung für Parkanlagen und zur Straßeneinfaſſung.

Thuya gigantea (Nuttall.).

Thuja plicata (Don.). — Riesen-Lebensbaum. — Pacific Arborvitae.
Anbaufläche 21,56 ha. Zahl der Versuchsreviere: 27.

Ein Baum des westlichen Nordamerikas, welcher vom südlichen Alaska bis Kalifornien zwar weit verbreitet ist, aber nirgend in großen zusammenhängenden reinen Beständen, sondern nur einzeln oder gruppenweise auftritt. Sie wächst meist in den feuchten Thälern und am Rand der Bergströme. Ihre größten Dimensionen erreicht sie am Puget Sound, in boden- und luftfeuchten Gebieten, welche sich wenig über das Niveau des Meeres erheben.

Erträgt das Klima Norddeutschlands selbst im äußersten Nordosten (Johannisburger Haide und Broedlauken bei Gumbinnen) gut, wenn sie auf frischem bis feuchtem und mineralisch kräftigem Boden angebaut wird. Stehende Nässe ist ihr ebenso zuwider wie Trockenheit. Hinsichtlich des Gehaltes des Bodens an mineralischen Nährstoffen und an dessen Frische stellt sie ziemlich hohe Ansprüche. Ganz vorzügliches Gedeihen zeigen die Anlagen der Oberförsterei Homburg, welche in früheren Teichen ausgeführt wurden.

In der Jugend bedarf Thuya gigantea des Seitenschutzes, verträgt auch Ueberschirmung, dagegen ist ihr Freilage sehr nachtheilig, namentlich ist sie empfindlich gegen trockene Kälte. Zwischen Wachholder, Kiefernanflug oder nicht zu dichtem Weichholz gedeiht sie vortrefflich.

Das Wurzelsystem besteht aus einigen starken, mit langen Seitenwurzeln versehenen Herzwurzeln, welche tief in den Boden hinabgehen.

Die Sämlinge erreichen im ersten Jahre eine Länge von 3 cm, im zweiten eine solche von 10 bis 12 cm, erst im dritten Jahre bildet sich ein kräftiger Höhentrieb, vom siebenten Jahre ab geht das Längenwachsthum energisch vorwärts und macht bisweilen sogar der Douglasia Konkurrenz (Homburg!).

Höhenentwickelung:

Alter: Jahre	Mittelhöhe m	Oberhöhe m
5	1,5	1,5
10	2,5	4,0
15	4,5	7,0
20	7,0	10,5

Nach Sargent erreicht sie Höhen bis 66 m bei einem Durchmesser von fast 2 m, in einer Meßhöhe von 4 m ermittelt.

Infolge des starken Schattenerträgnisses reinigt sich Thuya gigantea schwer von den Aesten und sind die Anlagen von dieser Holzart außerordentlich dicht. Ich habe beim Betreten der Dickung irgend einer Holzart niemals eine solche Beschattung gefunden wie bei Thuya gigantea! In den vorzüglichen Anlagen der Oberförsterei Fritzen (Rgb. Königsberg) z. B. herrscht trotz hellen Sonnenscheins im Innern fast vollständige Dunkelheit.

Im Alter von etwa 15 Jahren fangen die Pflanzen an zu blühen, die Zäpfchen öffnen sich im Oktober des ersten Jahres und enthalten bereits keimfähigen Samen, aus welchem Forstmeister Boden in Freienwalde seit mehreren Jahren Pflanzen erzogen hat.

Das Holz ist leicht, spez. Gewicht 0,38, weich, spröde, leicht spaltbar und außerordentlich dauerhaft im Boden, es wird zu Brückenbauten, Eisenbahnschwellen, Dachschindeln, Zaunpfosten, sowie zur inneren Ausstattung der Häuser verwendet.

In den ersten Jahren ist die schwache Pflanze empfindlich gegen Frost und Dürre.

Die Frostgefahr nimmt späterhin bei zweckmäßigem Anbau sehr rasch ab, und zeigen die Pflanzen alsdann bei normalem Verlauf nur eine braunröthliche Winterfärbung, infolge Umlagerung des Chlorophylls, welche bei Eintritt wärmerer Witterung verschwindet.

Leider ist dieses aber nicht durchweg der Fall, sondern häufig genug tritt schon im Laufe des Sommers eine braune Färbung der Zweige auf, letztere sterben allmählich ab und werden zunächst gelb, späterhin grau.

Diese Erscheinung, welche neben der ersteren einhergeht und in gewissen Stadien leicht mit ihr verwechselt werden kann, wird verursacht durch einen Pilz (Pestalozzia funerea)[1]. Letzterer beschränkt sich bald auf einzelne Zweige, welche ohne tiefgreifende Störungen für das Leben der Pflanze verloren gehen, bald greift er aber weiter um sich und tötet soviele Assimilationsorgane und Triebe, daß die ganze Pflanze eingeht. Nicht selten ist infolge dieser Erkrankung der Verlust ganzer Kulturen zu beklagen.

Ein Ausschneiden der erkrankten Zweige, wie oben bei Douglasia beschrieben, ist für Thuya gigantea weder durchführbar noch erfolgreich.

Nach den gemachten Wahrnehmungen tritt der ungünstigere Verlauf fast durchweg bei Kulturen auf ungeeignetem, namentlich zu trockenem Standort ein, während die robusteren Pflanzen auf frischem, kräftigem Boden auch anscheinend recht intensive Infektionen verhältnißmäßig gut überwinden. Ich habe bei meinen Reisen schon mehrfach derartige Kulturen für verloren erachtet, aber bei meiner Wiederkehr mit großer Freude konstatirt, daß sie wieder kräftig weiterwuchsen.

Die Erkrankung tritt nicht in allen Jahren gleichmäßig stark auf, sondern schwankt erheblich in ihrer Heftigkeit, wohl je nachdem die Witterungsverhältnisse die Entwickelung des Pilzes mehr oder weniger begünstigen.

In Amerika werden Chamaecyparis- und Thuya-Arten nach den Angaben von Sargent von zwei Arten der Pestalozzia heimgesucht, ohne daß diese besonders schädlich wird.

---

[1] Vgl. Böhm, Ueber das Absterben von Thuya Menziesii Dougl. und Pseudotsuga Douglasii Carr. Zeitschr. für Forst- und Jagdwesen 1894, S. 63.

Von Wildbeschädigungen ist nur das Fegen einzelständiger Pflanzen durch den Rehbock zu erwähnen, dagegen wird Thuya wegen des eigenthümlichen Geruches und Geschmackes ihres Laubes fast gar nicht verbissen.

Gegen Mäusefraß ist sie wegen der lange zart bleibenden und weichen Rinde empfindlich.

Die Saatbeete sind in geschützter Lage auf nicht zu schwerem, unkrautfreiem Boden anzulegen. Der leichte Samen wird breitwürfig ausgesät und leicht mit dem Boden vermischt. Die Sämlinge sind gegen Dürre und Frost zu decken.

Da die Pflanzen im Verhältniß zu ihrer Zweigbildung nur ein kleines Wurzelsystem besitzen, so ist die Verschulung im Allgemeinen nicht zu empfehlen. Zweckmäßiger ist es, die Saaten so dünn auszuführen, daß die Pflanzen ohne Verschulung genügend erstarken können.

Freikulturen werden am besten mit dreijährigen Sämlingen in Rajolstreifen durch Klemmen ausgeführt. Wegen des schwachen Wurzelsystems ist sorgfältiges Augenmerk auf Schutz gegen Austrocknen während des Pflanzgeschäftes zu richten.

Nach der Art und Weise ihres Vorkommens in ihrer Heimath und bei ihrem Schutzbedürfniß eignet sich Thuya gigantea hauptsächlich zur horst- und gruppenweisen Einsprengung in andere Kulturen auf ihr zusagendem Standorte bei engem Verband.

Ergebniß.

Thuya gigantea war zu den Anbauversuchen hauptsächlich wegen ihrer großen Massenproduktion herangezogen worden, wobei auch noch die Rücksicht auf die Güte ihres Holzes in Betracht kam.

Die Anbauversuche haben gezeigt, daß sie in Norddeutschland zwar vorzüglich gedeiht, aber auch einer großen Gefahr durch die Pilzerkrankung ausgesetzt ist. Doch scheint letztere nur auf ungeeigneten Standorten verhängnißvoll für die Anlagen zu werden.

Immerhin ist aber unter diesen Verhältnissen Vorsicht bezüglich des weiteren Anbaues gerathen. Anlagen auf trockenem, magerem Boden und in exponirten Freilagen müssen vermieden werden.

Ihr fernerer Anbau, welcher aus verschiedenen Gründen als wünschenswerth erscheint, kann nur auf völlig zusagendem Standort und in geschützter Lage empfohlen werden.

Tsuga Mertensiana (Carr.)

Westliche Schierlingstanne. — Western Hemlock.

Anbaufläche 0,72 ha. Zahl der Versuchsreviere: 3.

Heimath: Westliches Nordamerika von Süd-Alaska bis zum nördlichen Kalifornien, hauptsächlich verbreitet in Britisch-Kolumbia, Washington und Oregon, wo sie in Höhenlagen zwischen 2000 und 3500 m Höhe bis in die

Nähe der Gletscher vorkommt. Hier ist sie erst viele Monate lang vom Schnee begraben, die dünnen und biegsamen Zweige widerstehen lange Zeit den heftigsten Stürmen der Gebirge.

Der Anbau auf Versuchsflächen hat bis jetzt nur an drei Orten, in Freienwalde, Biesenthal und in Diez (Rgb. Wiesbaden) stattgefunden, während sonst lediglich vereinzelte Exemplare oder Gruppen verbreitet sind.

Das Klima ist hier anstandslos ertragen worden, das Mißlingen einer Kultur in der Oberförsterei Homburg bei 680 m Höhe sofort im ersten Jahre dürfte nach ihrem Vorkommen in Amerika auf andere Ursachen zurückzuführen sein, als darauf, daß sie die Winterkälte hier überhaupt nicht verträgt.

Tsuga Mertensiana verlangt frischen, kräftigen Boden; leichter, trockener Boden und strenger, kalter Thonboden sagen ihr nicht zu.

Sie verlangt Seitenschutz, verträgt keine Ueberschirmung, noch weniger aber Freilage und Sonnenbrand.

Das Wurzelsystem besteht aus einer starken Herzwurzel mit vielen zarten, gegen Dürre sehr empfindlichen Faserwurzeln.

Vom 3. Jahre ab ist das Längenwachsthum sehr energisch, in Diez und Freienwalde sind die 6jährigen Pflanzen durchschnittlich 1,5 m hoch, dort messen einzelne Individuen bereits 2,8 m.

Im Optimum ihres Verbreitungsgebietes erreicht sie Höhen von etwa 60 m.

Das Längenwachsthum dauert bei feuchter Herbstwitterung bis zum Eintritt des ersten Frostes fort, der Trieb schließt nicht mit einer Endknospe ab, sodaß die Spitze fast jedes Jahr erfriert, ohne daß hierdurch ein Schaden entsteht.

In den unzugänglichen Hochlagen der Felsengebirge besitzt Tsuga Mertensiana ein sehr langsames Stärkenwachsthum. Das Musterstück der Jesup-Kollektion hat einen rindenlosen Durchmesser von 45 cm bei einem Alter von 185 Jahren. Der Splint ist 9 cm dick und enthält 91 Jahresringe. Stämme, welche in Idaho unter sehr günstigen Verhältnissen wuchsen, waren bei einem Alter von 200 bis 250 Jahren etwa 65 cm stark.

Das Holz ist ziemlich schwer, spec. Gewicht 0,44, mit hellbraun bis roth gefärbtem Kernholz und fast weißem Splint, es nimmt eine schöne Politur an. Die Rinde liefert ein werthvolles Gerbmaterial.

Außer der Dürre hat sich auch das Wild durch Fegen (Rehbock) und Schlagen (Rothwild) schädlich erwiesen.

Tsuga Mertensiana besitzt ein großes Reproduktionsvermögen und vermag Beschädigungen jeder Art leicht auszuheilen.

Die Pflanzenerziehung erfolgt durch dünne Vollsaat auf Saatbeeten im Seitenschutz. Die Sämlinge sind anfangs sehr empfindlich gegen Sonnenbrand und Frost.

Zur Bestandesanlage eignen sich am besten 3 jährige Sämlinge, da stärkere Pflanzen schwer anwachsen. Das Austrocknen der Wurzeln ist beim Pflanzgeschäft ängstlich zu vermeiden. Die Pflanzen sind empfindlich gegen zu tiefes Einsetzen.

Wegen des Bedürfnisses nach Seitenschutz und wegen des raschen Wachsthumes eignet sich Tsuga Mertensiana gut zur Einsprengung in Laubholzverjüngungen, sowie zu Mischkulturen mit Fichten.

Ergebniß.

Tsuga Mertensiana verdient trotz ihres langsamen Stärkenwachsthumes fernerhin angebaut zu werden, sowohl wegen der Güte ihres Holzes, als auch wegen des Gerbstoffgehaltes der Rinde. Die Rücksicht auf letzteren hat Mayr besonders veranlaßt, diese Holzart zum Anbau in Deutschland zu empfehlen. Sie kommt namentlich für die Fichtenregion unserer Gebirge in Betracht.

Außerdem ist Tsuga Mertensiana ein prachtvoller Baum mit seinen zarten, hängenden Zweigen und seinen silbergrauen, an Myrthenblüthe erinnernden Knospen. Sie eignet sich deshalb sehr als Solitär für Parkanlagen und habe ich die Schönheit der Tsuga Mertensiana, namentlich in Schottland, oft bewundert.

Tsuga Sieboldii.

Japanische Schierlingstanne. — Toga-matsu.
Anbaufläche 0,14 ha. Zahl der Anbaureviere: 2.

Kommt in den Gebirgen Japans theils in reinen Beständen, theils gemischt mit Cupressineen, sowie mit Tannen und Fichten vor. Sie wurde von Mayr wegen ihres guten Holzes, sowie wegen des Gerbstoffgehaltes der Rinde empfohlen.

In Homburg (Rgb. Wiesbaden), in Aurich (Rgb. Aurich) und Eberswalde finden sich hiervon kleine Anlagen.

In Homburg gedeiht sie im unteren Reviertheil gut, in der Hochlage von 680 m wurde sie im ersten Winter getödtet.

Nach den Beobachtungen in Aurich und Eberswalde macht Tsuga Sieboldii ziemlich hohe Ansprüche an den Boden, ist in den ersten 6 Jahren nur langsamwüchsig, entwickelt sich dann aber rascher. Sie liebt leichten Schutz von der Seite, aber Licht von oben.

Die 12jährigen Pflanzen in Aurich haben eine Mittelhöhe von 1,30 m und eine Oberhöhe von 2 m.

Mit ihrem langen, hängenden Gipfel und den oben dunkelgrünen, unten silberfarbigen Nadeln und weit überhängendem Gipfel ein hübscher Parkbaum, aber forstlich wohl bedeutungslos.

Zelkova Keaki (Dippel).

Keaki. — Keáki.

Anbaufläche 0,58 ha.   Zahl der Versuchsreviere: 4.

Heimath: Japan.

Stellt hohe Ansprüche an den Standort hinsichtlich Bodengüte und Wärme.

Mayr hat auf Grund des Verhaltens der Keaki im nördlichen Japan (Insel Eso) die Befürchtung ausgesprochen, daß Keaki möglicher Weise in Deutschland keine befriedigende Entwickelung zeigen dürfte, weil sie dort in einem Klima, welches dem wärmeren Deutschland gleichkommt, selbst in mäßigem Schluß mit anderen Nadelhölzern keinen Schaft bildet, sondern sich schon einen Meter über dem Boden in Aeste zertheilt.

Nach den bisherigen Beobachtungen scheint sich diese Vermuthung zu verwirklichen. Während die in Eso gut gedeihende Magnolia hypoleuca in Deutschland ebenfalls befriedigt, will Keaki hier, ebenso wie dort, nicht vorwärts.

Obwohl in verhältnißmäßig bedeutendem Umfange angebaut, berichten doch nur 2 Oberförstereien, Freienwalde und Homburg (Rgb. Wiesbaden), von gutem Gedeihen. Ich habe außerdem nirgends Anlagen getroffen, welche mich befriedigt haben. Selbst wenn der Höhenwuchs nicht schlecht war, so machten die Pflanzen doch einen kümmerlichen Eindruck mit schwachen, schief gestellten Aesten und dürftiger Belaubung. Möglicherweise trägt hierzu auch der Umstand bei, daß es stets reine Anlagen von Keaki waren, vielleicht würde die Mischung mit anderen Laubhölzern ein günstigeres Bild geliefert haben.

Keaki besitzt keine Pfahlwurzel, sondern 5 bis 6 Herzwurzeln mit reichlichen Faserwurzeln.

Die jungen Pflanzen erreichen bereits im ersten Jahre eine Höhe von 20 bis 25 cm und können im Alter von 8 Jahren eine Mittelhöhe von 3 m und eine Oberhöhe von 5 m besitzen.

Das Holz ist von vorzüglicher Güte und jenem der Eiche vorzuziehen. Mayr und Sargent bezeichnen sie als den werthvollsten sommergrünen Baum Japans.

Keaki leidet leicht durch Zurückfrieren der Triebspitzen.

Hasen schneiden im Sommer und Winter die jungen Triebe ab, ebenso wird sie auch von Rehen verbissen und ist der Beschädigung durch Mäuse im hohen Grade ausgesetzt.

In der Oberförsterei Zeven (Rgb. Stade) ist eine bis dahin gutwüchsige Anlage im Alter von 10 Jahren unter Erscheinungen eingegangen, welche den oben bei Betula lenta erwähnten ähnlich sind. Die Rinde platzte der

Länge nach auf, die Pflanzen machten Ueberwallungsversuche und starben allmählich ab.

Die hainbuchenartigen Nüsse besitzen meist gute Keimkraft, werden am besten in Form von Vollsaat in den Boden gebracht, 2 cm hoch mit Wald=humus 2c. übersiebt, gewalzt und mit Fichtenreisig überdeckt, dann nach dem Auflaufen, welches etwa binnen 4 Wochen erfolgt, mit diesem bis Anfang Juni zur Vermeidung der Spätfrostgefahr besteckt.

Die einjährigen Pflanzen können sofort ins Freie gebracht oder ver=schult und als Lohden zur Bestandesanlage verwendet werden.

Letztere erfolgt am besten als Mischkultur mit anderen Laubhölzern, insbesondere durch Einsprengung in Eichen= und Buchenverjüngungen, da Keaki gedeckten Fuß liebt und der Schaft sich nur im Schluß mit anderen Holzarten leicht von Aesten reinigt.

Ergebniß.

Nach den gesammelten Erfahrungen kann nicht angenommen werden, daß Keaki im größten Theil von Norddeutschland zum Anbau geeignet er=scheint, sie dürfte in Deutschland höchstens für die Kastanienzone der Pfalz sowie in Baden und Elsaß forstliche Bedeutung erlangen. Wegen der hervorragenden Güte des Keaki=Holzes wäre es wünschenswerth, daß dort Versuche hiermit angestellt würden.

*   *   *

Bezüglich folgender Arten liegen nur ganz beschränkte Beobachtungen vor:

Picea polita (Carr).
Tigerschwanzfichte — Iramomi.

Nur in Eberswalde auf einer kleinen Fläche vertreten, sonst in einzelnen Exemplaren mehrfach zerstreut.

Frosthart und in der Jugend langsamwüchsig, die höchsten Exemplare, welche ich gesehen habe, sind etwa 2 m hoch.

Charakterisirt durch die sehr derben und scharf stechenden Nadeln, welche allseits vom Ast starr abstehen; gegen Beschädigungen von Seiten des Wildes infolgedessen vollständig geschützt.

Sciadopitys verticillata (Sieb. et Zucc.).
Japanische Schirmtanne. — Kane-matsu.

Ein Waldbaum der Laubholzregion der südöstlichen Gebirge Nippons in Erhebungen zwischen 400 und 1000 m. Von Mayr wegen ihres hellen kernfreien Holzes empfohlen, welches in Japan zu Schiff=, Hoch= und Wasser=bau verwendet wird.

Der Samen keimt spät im Jahr, anscheinend im September. Die Saatbeete, welche zur Verhütung der Verunkrautung im Juni mit Moos bedeckt worden waren und auch im Spätsommer noch keine Spur von

Keimlingen zeigten, trugen im nächsten Frühjahr eine stattliche Anzahl hiervon.

Sciadopitys ist an verschiedenen Orten in einzelnen Exemplaren ver= treten, in etwas größerem Umfang in Zeven (Rgb. Stade) angebaut.

Nach den dortigen Beobachtungen verlangt sie sehr guten Boden und Seitenschutz, aber Licht von oben.

Auch in ihrer Heimath langsamwüchsig haben die besten, jetzt 13jährigen Pflanzen in Zeven 2,5 m Höhe.

Für Deutschland wird Sciadopitys verticillata wohl nie forstliche Be= deutung erlangen.

Thuja Standishii (Carr.).

Thuya japonica. — Japanischer Lebensbaum. — Nezuko.

In den Gebirgen Japans heimisch, besitzt vor Thuya gigantea den Vorzug vollholzigeren Wuchses und ist deshalb von Mayr empfohlen.

Der Baum liebt in seiner Heimath Schatten und frischen Boden, ist dort widerstandsfähiger gegen Kälte als Chamaecyp. obtusa und pisifera.

Das Holz ist weich, spec. Gew. 0,39, wird zu Möbeln und Geräthen, namentlich aber zur Vertäfelung der Decken verwendet.

Eine kleine Versuchsfläche, welche hiermit in der Oberförsterei Eckstelle (Rgb. Posen) angelegt worden ist, leidet unter Früh= und Spätfrösten, wes= halb ihre Weiterbeobachtung in Frage gestellt ist.

Die 9jährigen Pflanzen haben eine Mittelhöhe von 70 und eine Ober= höhe von 125 cm.

Das schwärzliche Holz wird in Japan sehr geschätzt und als Bauholz, zu Brettern, Kisten, Hausgeräth und Dachschindeln verarbeitet.

III. Zusammenfassende Darstellung der Anbauversuche und ihrer Ergebnisse.

Die Anbauversuche mit fremdländischen Holzarten umfassen in Preußen drei Abschnitte.

Während der Periode 1881 bis 1890 wurden jene Holzarten kultivirt, welche im Arbeitsplan des Vereins Deutscher forstlicher Versuchsanstalten[1] vom Jahre 1881 genannt sind, es waren dieses mit Ausnahme von Abies Nordmanniana und Pinus laricio Poiretiana nur amerikanische Arten.

Unberücksichtigt war in diesem Arbeitsplan die Weymouthskiefer, weil angenommen war, daß deren Anbaufähigkeit und Anbauwürdigkeit nicht erst noch durch neue Versuche nachgewiesen zu werden brauchte. Sie ist auch bei den jetzt gemachten Erhebungen außer Betracht geblieben.

---

[1] Abgedruckt in Danckelmann und Mundt, Jahrbuch der preußischen Forst= und Jagdgesetzgebung, 1882, S. 13.

Vom Jahre 1886 bis einschl. 1890 wurden dem Beschlusse des Vereins Deutscher forstlicher Versuchsanstalten vom Jahre 1884 entsprechend noch verschiedene japanische Arten in das Bereich der Versuche einbezogen, für welche im Jahre 1887 seitens der preußischen Hauptstation des forstlichen Versuchswesens ein Arbeitsplan[1]) ausgearbeitet worden war.

Durch die Reisen des Herrn Professor Dr. Mayr und seine Berufung an die Universität Tokio, ferner durch die persönlichen Beziehungen zu dem damaligen Chef der Forstabtheilung der Vereinigten Staaten Mr. Fernow wurden unsere Kenntnisse über Holzarten, welche in den deutschen Waldungen anbauwürdig sein dürften, um das Jahr 1890 erheblich erweitert, sowie die Möglichkeit, guten und preiswerthen Samen hiervon zu beziehen, namentlich bezüglich der japanischen Arten, bedeutend verbessert.

Vom Jahre 1891 bis 1896 gelangten daher zahlreichere japanische und einige bisher bei den Versuchen noch nicht berücksichtigte amerikanische Arten zum Anbau, während Sämereien der von 1881 bis 1890 kultivirten amerikanischen Arten zu Versuchszwecken nicht mehr bezogen wurden.

In der Zeit von 1881 bis 1890 vermittelte Herr Booth die Lieferung der Sämereien mit Ausnahme von 250 kg Samen der Abies Nordmanniana, welche im Herbst 1880 vom Kais. russischen Kronsgärtner Scharrer in Tiflis bezogen wurden, sowie der Früchte von Quercus rubra, welche meist aus den Besitzungen der Frau Fürstin Lippe zu Rothenfels bei Rastatt in Baden, theilweise auch aus dem Hofgarten zu Wilhelmshöhe und dem Aue= park zu Kassel stammen.

Den größten Theil der Früchte von Acer dasycarpum hat die Ver= waltung des Botanischen Gartens zu Berlin zur Verfügung gestellt, ebenso hat Herr Dr. Bolle von der Insel Scharfenberg bei Tegel von 1891 bis 1896 29 kg Früchte von Prunus serotina kostenlos abgegeben.

Bei der Schwierigkeit des Bezuges japanischer Sämereien und deren damals außerordentlich hohem Preis war deren Bezug bis 1890 nur geringfügig.

Von 1891 bis 1896 war die Hauptstation in der angenehmen Lage, die amerikanischen Sämereien durch die Güte des Herrn Fernow sowie dessen Assistenten Herrn Sudworth, Dendrologen der Forstabtheilung, direkt beziehen zu können. Aus Japan besorgten gleichzeitig zunächst Herr Prof. Dr. Mayr und nach dessen Rückkehr nach Deutschland Herr Prof. Dr. Grasmann in liebenswürdigster Weise die Sämereien zu außerordentlich billigen Preisen.

Die Mittel, welche für die Anbauversuche zur Verfügung standen, ver= minderten sich von Periode zu Periode.

Von 1881 bis 1885 war für die Anbauversuche im Etat jährlich die stattliche Summe von 50 000 Mk. vorgesehen, von denen 30 000 Mk. zum

---

[1]) Abgedruckt in Danckelmann und Mundt, Jahrbuch 1887, S. 19.

Ankauf der Sämereien und 20 000 Mk. zur Ausführung der Kulturen mit Fremdländern bestimmt waren. Während der Zeit von 1886 bis 1890 wurde der jährliche gesammte Kredit auf 30 000 Mk. ermäßigt, hiervon standen 20 000 Mk. für den Ankauf von Sämereien zur Verfügung. Von 1891 bis 1895 endlich wurde der letztere Betrag einschließlich des Kostenaufwandes für Pflanzenerziehung auf 3000 Mk. im Jahre beschränkt, hierzu kamen 1896 noch 752,51 Mk. aus anderen Fonds.

Für die Beschaffung der Sämereien sind folgende Summen thatsächlich verausgabt worden:

1881	33 754,96 Mk.	
1882	29 999,39 =	
1883	29 429,00 =	152 419,31 Mk.
1884	29 950,50 =	
1885	29 285,46 =	
1886	18 906,96 =	
1887	18 587,77 =	
1888	20 066,00 =	92 425,92 Mk.
1889	20 096,97 =	
1890	14 768,22 =	
1891	1 670,74 Mk.	
1892	2 331,80 =	
1893	2 406,55 =	
1894	2 675,06 =	11 780,35 Mk.
1895	1 943,69 =	
1896	752,51 =	

Im Ganzen hat demnach der Aufwand seitens der preußischen Staatsforstverwaltung für den Ankauf von Sämereien fremdländischer Holzarten zu Versuchszwecken von 1881 bis 1896: 256 625,58 Mk. betragen. Hiervon wurden für den Ankauf japanischer Sämereien 11 827,56 Mk. ausgegeben und zwar

von 1886 bis 1890: 9 727,81 Mk. für 70,28 kg Samen,
= 1891 = 1895: 2 099,75 = = 380,83 = =

Seit 1891 werden Sämereien fremdländischer Holzarten auch von Seiten der Kgl. Regierungen zum Zweck des Anbaues im regelmäßigen Betriebe bezogen.

Während der Periode von 1881 bis 1890 erfolgte die Pflanzenerziehung aus den vertheilten Sämereien und die Anlage von Versuchsflächen grundsätzlich auf denselben Oberförstereien und sollten nur die hier überzähligen Pflanzen an andere Versuchsoberförstereien oder, soweit diese hierfür keine Verwendung hatten, an sonstige Kgl. Oberförstereien abgegeben, der Ueberschuß aber an Gemeinden oder Private verkauft werden.

Die Zahl der Anbaureviere betrug von 1881 bis 1885: 90, von 1886 bis 1890: 68, von letzteren waren nur 6 für den Anbau japanischer Holzarten bestimmt.

Von 1891 bis 1895 wurde dieses Verfahren dahin abgeändert, daß nunmehr die Pflanzen in den 4 Lehroberförstereien der Forstakademie Eberswalde sowie im dortigen akademischen Forstgarten erzogen, und von hier aus durch die Hauptstation an geeignete Oberförstereien vertheilt wurden.

Für die Resultate der Pflanzenerziehung hat sich das letztere Verfahren jedenfalls als günstiger erwiesen, als das erstere, dagegen war die Versendung an die theilweise recht entfernten Anbaureviere nicht nur kostspielig, sondern auch von anderen Mißständen, namentlich: Eintreffen zu unpassenden Zeitpunkten, verspätete Benachrichtigung seitens der Bahnverwaltung 2c., begleitet, welche den ersterwähnten Vorzug minderten und theilweise wenigstens aufwogen.

Während der ganzen Dauer der Versuche gelangten folgende Samenmengen zur Vertheilung:

Abies amabilis	14,12	kg
- concolor	39,09	-
- firma	6,32	-
- grandis	11,35	-
- Mariesii*[1]	2,39	kg
- nobilis	14,46	-
- Nordmanniana	498,75	-
- Sachalinensis*	19,00	-
- Veitchii*	1,27	-
Acanthopanax rhicinifolium*	9,40	-
Acer dasycarpum	80,87	-
- Negundo	150,00	-
- sacharinum	125,60	-
Aesculus turbinata*	3,00	-
Betula lenta	111,10	-
Carya alba	431,55	hl
- amara	199,27	-
- porcina	95,27	-
- sulcata	11,08	-
- tomentosa	83,58	-
Catalpa speciosa	22,45	kg
Cercidiphyllum japonicum	14,75	-
Chamaecyparis Lawsoniana	96,40	-
obtusa	9,70	-

[1] Von den mit einem Stern bezeichneten Arten wurden Versuchsflächen, welche zu dauernder Beobachtung geeignet sind, überhaupt nicht angelegt.

Chamaecyparis pisifera	23,76 kg
Cladrastris amurensis	16,85 -
Cryptomeria japonica	11,48 -
Fraxinus americana[1])	50,89 -
- mandschurica*	15,90 -
- pubescens	102,77 - (?) [2])
Juglans nigra	508,80 hl
- Sieboldiana*	0,70 kg
Juniperus virginiana	182,20 -
Larix dahurica*	0,90 -
- leptolepis	73,82 -
Libocedrus decurrens	1,82 -
Magnolia hypoleuca	27,01 -
- Kobushi*	0,38 -
Ostrya virginica*	4,00 -
Phellodendron amurense	24,19 -
Picea Ajanensis	10,30 -
- Alcockiana (bicolor)	1,50 -
- Engelmanni	9,53 kg
- Glehnii*	2,00 -
- Hondoënsis*	0,52 -
- polita*	1,50 -
- pungens	21,43 -
- sitchensis	238,50 -
Pinus Banksiana	14,26 -
- densiflora	3,54 -
- Jeffreyi	191,60 -
- Lambertiana	2,40 -
- laricio Poiretiana	254,00 -
- parviflora*	2,00 -
- ponderosa	61,90 -
- rigida	345,15 -
- Thunbergii	23,34 -
Populus serotina[3])	149,40 Stecklinge
Prunus serotina	59,77 kg
Pseudotsuga Douglasii	699,00 -
Quercus rubra	62,60 -
Sciadopitys verticillata*	15,42 -
Thuja gigantea	219,90 -

---

[1]) Hierunter 20 kg aus dem anhaltischen Forstrevier Kühnau.

[2]) Hiervon ist ein erheblicher Theil Fraxinus americana vorhanden.

[3]) Hierunter 29 kg von Dr. Bolle in Scharfenberg.

Tsuga Standishii*	1,98 kg
Thujopsis dolobrata*	6,25 -
Tsuga diversifolia*	2,67 -
- Mertensiana	1,59 -
- Pattoniana*	0,57 -
- Sieboldii	8,70 -
Zelkova Keaki	56,78 -

Es sind demnach im Ganzen Sämereien von 70 Holzarten und zwar:

4010,85 kg

1392,15 hl

und 14 840 Stecklinge

zur Vertheilung gelangt.

Nicht aufgeführt sind im vorstehenden Verzeichnisse noch verschiedene andere Holzarten und Sträucher, von denen nur kleinere Proben den Sendungen beigelegt worden waren, um hiermit gelegentlich Versuche beschränkten Umfanges auszuführen, welche jedoch entweder nur die Anzucht einzelner Exemplare ermöglichten oder gänzlich mißglückten, ebenso ist eine größere Sendung Ziersträucher aus Japan nicht erwähnt.

Die genaue Sichtung der Versuchsflächen, welche mit den aus diesen Sämereien erzogenen Pflanzen angelegt worden sind, hat ergeben, daß erstere zu Ende des Sommers 1900 folgenden Umfang haben, nachdem alle mißrathenen und aussichtslosen Flächen ausgeschieden worden sind. Des Vergleiches wegen sind für die bereits während der Periode 1881 bis 1890 angebauten Holzarten die Größen der Ende 1890 vorhandenen Versuchsflächen aus der Denkschrift des Jahres 1891 beigefügt.

Ausdehnung der Versuchsflächen von mehr als 5 a Größe.

	Ende 1900 ha	Ende 1890 ha
Abies amabilis	0,19	—
- concolor	1,45	—
- firma	0,21	—
- grandis	0,16	—
- nobilis	0,67	—
- Nordmanniana	5,04	1,66
Acer dasycarpum	5,04	2,75
- Negundo	13,92	19,55
- sacharinum	2,11	1,69
Betula lenta	8,28	5,43
Carya alba	41,50	49,62
- amara	12,21	18,43

Carya porcina	3,08	8,11
- sulcata	0,43	9,82
- tomentosa	7,91	9,80
Catalpa speciosa	1,81	—
Cercidiphyllum japonicum . .	0,10	—
Chamaecyparis Lawsoniana . .	12,67	8,88
- obtusa . . .	4,03	—
- pisifera . . .	2,02	—
Cladrastris amurensis	0,13	—
Cryptomeria japonica	0,47	—
Fraxinus americana	27,65	4,00
Juglans nigra	12,97	34,26
Juniperus virginiana	1,36	1,37
Larix leptolepis	14,49	1,12
Magnolia hypoleuca	0,35	—
Phellodendron amurense . . .	0,70	—
Picea Alcockiana	0,37	—
- Engelmanni	2,63	—
- pungens	5,99	—
- sitchensis	62,65	37,84
Pinus Banksiana	12,17	—
- densiflora	—	0,07
- Jeffreyi	1,51	4,80
- laricio Poiretiana . . .	12,11	37,13
- ponderosa	0,58	1,83
- rigida	146,55	144,56
- Thunbergii	—	2,16
Populus serotina	0,38	1,63
Prunus serotina	1,72	—
Pseudotsuga Douglasii . . .	146,17	134,92
Quercus rubra	41,56	25,38
Thuya gigantea	21,56	15,69
Tsuga Mertensiana	0,72	—
- Sieboldii	0,14	—
Zelkova Keaki	0,58	0,14

Die Gesammtgröße der aussichtsvollen und weiter zu beobachtenden Kulturen fremdländischer Holzarten beträgt demnach Ende 1900: 640,37 ha gegen 573,92 ha am Ende des Jahres 1890, während mit den neuen amerikanischen und den japanischen Holzarten nach Abzug der 1890 bereits vorhandenen Bestandesflächen von 1891 ab: 48,12 ha begründet worden sind.

Von 21 der obengenannten Arten sind Versuchsflächen mit der kleinsten hier in Betracht gezogenen Ausdehnung von 5 a überhaupt nicht angelegt worden oder doch wenigstens weder 1890 noch 1900 vorhanden gewesen.

Der Grund hierfür liegt theils in der Geringfügigkeit der gelieferten Samenmenge (z. B. Aesculus turbinata, Juglans Sieboldiana), theils in der häufig recht geringen Keimkraft der japanischen Sämereien, von denen auch eine ganze Lieferung wegen zu späten Eintreffens als vollständig ver= loren zu betrachten ist. In anderen Fällen haben die erzogenen Pflanzen unser Klima überhaupt nicht vertragen (z. B. Pinus Lambertiana).

Wenn man alsdann jene Holzarten betrachtet, bei denen es überhaupt gelungen ist, Versuchsflächen anzulegen, so zeigt eine Vergleichung der Flächengrößen bezüglich jener Holzarten, welche bereits vor 1890 angebaut waren, bald ein Abnehmen, bald ein Zunehmen, bald ein ungefähres Gleichbleiben.

Da im Jahre 1890 noch erhebliche Bestände von Pflanzen aus den Aus= saaten der letzten Jahre in den Kämpen vorhanden waren, welche erst später zu Freikulturen verwendet werden konnten, so hätte bei normaler Entwickelung die 1890 vorhandene Fläche der Versuchskulturen mindestens erhalten werden müssen, wenn auch in den folgenden Jahren große Mengen dieser Pflanzen theils an andere Oberförstereien abgegeben wurden und bei der jetzigen Umfrage nicht mehr ermittelt werden konnten, theils durch Verkauf in die Waldungen von Privaten und Gemeinden übergegangen sind.

Thatsächlich zeigen aber verschiedene Holzarten einen recht erheblichen Rückgang, woraus der Schluß gezogen werden muß, daß diese Arten ent= weder überhaupt nicht für deutsche Verhältnisse passen, oder daß sie wenigstens in ausgedehntem Maße auf ungeeigneten Standorten oder in un= zweckmäßiger Weise angebaut worden waren. Lediglich nach diesem Ver= hältniß des Umfanges der Anbauflächen in den Jahren 1890 und 1900 erscheinen zum Anbau in den deutschen Waldungen geeignet: Abies Nordmanniana, Acer dasycarpum, Acer negundo, Acer sacharinum, Betula lenta, Carya alba, Carya tomentosa, Chamaecyparis Lawsoniana, Fraxinus americana, Juniperus virginiana, Picea sitchensis, Pinus rigida, Pseudotsuga Douglasii, Quercus rubra, Thuya gigantea.

Als ungeeignet für Norddeutschland müssen vom gleichen Standpunkt aus bezeichnet werden: Carya porcina, Carya sulcata, Pinus densiflora, Pinus Jeffreyi, Pinus laricio Poiretiana, Pinus ponderosa und Pinus Thunbergii.

Einen sehr erheblichen Rückgang in der Anbaufläche hat auch Juglans nigra aufzuweisen, doch liegt hier der Grund weniger in dem Umstand, daß diese Holzart unser Klima nicht verträgt, als darin, daß sie vielfach unter Verhältnissen angebaut worden war, welche ihren Ansprüchen nicht genügten. Auch bei Populus serotina dürfte der Mißerfolg hauptsächlich durch den Anbau auf ungeeigneten Standorten veranlaßt worden sein.

Wenn man die oben angegebene Samenmenge mit der Größe der Versuchsflächen vergleicht, so ist das Verhältniß keineswegs ein ungünstiges zu nennen, namentlich wenn man bedenkt, daß es sich um Versuche handelt, bei denen ein nicht unerheblicher Procentsatz des Samens von vornherein geopfert wird, um die zweckmäßigen Bedingungen für den Anbau zu ermitteln, sowie unter Berücksichtigung des Umstandes, daß noch recht erhebliche Pflanzenmengen sich außerhalb der kontrolirten Flächen befinden.

Das Resultat wäre jedoch noch günstiger gewesen, wenn nicht der Regel nach nur reine Kulturen mit den Fremdländern angelegt worden, sondern diese in angemessener Weise mit heimischen Arten gemischt worden wären.

Mit lebhaftem Bedauern muß man nun bei der weiteren Entwickelung der Anlagen große Mengen oft recht kostbarer Pflanzen zu Grunde gehen sehen, mit denen beim angegebenen Verfahren die doppelte oder dreifache Fläche hätte bestellt werden können!

Möge man doch wenigstens in Zukunft diese neuerdings auch von Fischbach gerügten Fehler vermeiden!

Bei Erörterung der Frage, welche von den im Theil II besprochenen Holzarten sich zum Anbau in den norddeutschen Forsten eignen, muß man unterscheiden zwischen: Anbaufähigkeit und Anbauwürdigkeit.

„Anbaufähig“ sind vom forstlichen Standpunkt alle jene Arten, welche bei uns unter den Bedingungen, die wir in der Wirthschaft zu bieten in der Lage sind, gedeihen.

Holzarten, bei denen die bisherigen Versuche in dieser Hinsicht bereits ein negatives Resultat ergeben haben, können daher überhaupt nicht weiter in Betracht gezogen werden.

Aber auch jene Arten, welche gut gedeihen, können nur dann als „anbauwürdig“ für die forstliche Kultur empfohlen werden, wenn sie außerdem noch nach irgend einer Richtung besondere Vorzüge gegenüber unseren heimischen Holzarten aufweisen.

Booth hat hierfür bereits in seinem Referat vom Jahre 1880 drei Forderungen aufgestellt.

Er sagt nämlich, wenn wir ausländische Holzarten anpflanzen, müssen wir von ihnen erwarten:

1. daß sie ein absolut besseres Holz liefern, als einheimische Arten desselben Geschlechts; oder

2. daß sie in kürzerer Zeit größere Holzmassen, wenn auch geringwerthigere produciren; oder

3. daß sie bei gleicher oder selbst geringerer Holzqualität durch ihre Genügsamkeit hinsichtlich der Bodenansprüche, ihre Verwendbarkeit als Mischholz, ihre Widerstandsfähigkeit gegen Wind oder sonstige Witterungsverhältnisse oder durch

irgend andere eigenthümliche Eigenschaften vor den ein=
heimischen Arten sich auszeichnen.

Zur besseren Begründung des Urtheiles über Anbaufähigkeit und An=
bauwürdigkeit der erprobten Arten erscheint es zweckmäßig, die oben am
Schluß der Darstellungen gegebenen Urtheile hier nochmals kurz zu wieder=
holen, diese lauten:

Abies amabilis wegen der Langsamwüchsigkeit nicht zu empfehlen,
Parkbaum.

Abies concolor, raschwüchsig, unempfindlich gegen klimatische Ein=
flüsse, fernerhin anzubauen.

Abies firma verhältnißmäßig widerstandsfähig gegen Wildverbiß, des=
halb beachtenswerth, Parkbaum.

Abies grandis, raschwüchsig, ein abschließendes Urtheil noch nicht
möglich, weiter zu erproben.

Abies nobilis, etwas raschwüchsiger als Abies amabilis, dürfte viel=
leicht für Gebirgswaldungen in Betracht kommen, Parkbaum.

Abies Nordmanniana besitzt waldbaulich und hinsichtlich des Holzes
keine Vorzüge vor unserer Weißtanne, Parkbaum.

Acer dasycarpum, anbaufähig in Norddeutschland, technisch und
waldbaulich ohne Vorzüge gegenüber den heimischen Arten, Parkbaum.

Acer Negundo, geringwerthiger als alle übrigen für uns in Betracht
kommenden Ahornarten.

Acer sacharinum wegen seines vorzüglichen Holzes zum ferneren
Anbau empfohlen, Parkbaum.

Betula lenta, anbaufähig und wegen ihres vorzüglichen Holzes zu
berücksichtigen.

Carya alba wegen ihres hochwerthigen Holzes unter Berücksichtigung
ihrer Ansprüche an den Standort weiterhin anzubauen.

Carya amara, Holz geringwerthiger als jenes der übrigen bei uns
angebauten Carya-Arten.

Carya porcina, Holz von gleicher Güte wie jenes von C. alba,
etwas empfindlicher als diese gegen Spätfröste.

Carya sulcata zum Anbau in Norddeutschland ungeeignet.

Carya tomentosa scheint aus klimatischer Rücksicht wenig geeignet
für den Anbau in Norddeutschland.

Catalpa speciosa verträgt das Klima Norddeutschlands nicht.

Cercidiphyllum japonicum, anscheinend ausdauernd in Nord=
deutschland, wegen des werthvollen Holzes weiter zu erproben, Parkbaum.

Chamaecyparis Lawsoniana zum Anbau geeignet und wegen des
vorzüglichen Holzes zu empfehlen, Parkbaum.

Chamaecyparis obtusa besitzt das werthvollste Holz von den er=

probten Chamaecyparis-Arten und verdient deshalb fernerhin besondere Berücksichtigung, Parkbaum.

Chamaecyparis pisifera hinsichtlich des Klimas und Bodens weniger anspruchsvoll als Chamaecyp. obt., Holz geringwerthiger als jenes der beiden anderen Arten, Parkbaum.

Cladrastris amurensis besitzt vorzügliches Holz, hält anscheinend in Norddeutschland aus, Versuche fortzusetzen.

Cryptomeria japonica ungeeignet zum forstlichen Anbau in Norddeutschland.

Fraxinus americana besitzt gegenüber der Fraxinus excelsior den Vorzug der Widerstandsfähigkeit gegen Ueberstauung während der Vegetationszeit sowie des späteren Austreibens; namentlich an Orten, welche Sommerhochwässern ausgesetzt sind, zum Anbau zu empfehlen.

Juglans nigra, anspruchsvollste aller angebauten Fremdländer, besitzt aber gleichzeitig das werthvollste Holz. Auf passenden Standorten fernerhin anzubauen.

Juniperus virginiana, in Norddeutschland, wenigstens im Osten, nicht weiter zu berücksichtigen.

Larix leptolepis ist nach den bisherigen Beobachtungen widerstands= fähiger gegen Lärchen, Motte und Krebs als Lar. europaea, ebenso, wenig= stens in der Jugend, schnellwüchsiger, deshalb fernerhin anzubauen.

Magnolia hypoleuca anbaufähig in Norddeutschland und wegen des hochwerthigen Holzes zur besonderen Berücksichtigung empfohlen.

Phellodendron amurense, anscheinend zum Anbau geeignet, die Versuche sind fortzusetzen.

Picea Alcockiana, durch fernere Beobachtung ist festzustellen, ob sie sich als besonders widerstandsfähig gegen Spätfröste erweist, bejahenden Falles wäre sie an besonders durch Spätfröste gefährdeten Orten anzubauen, Parkbaum.

Picea Engelmanni, wegen ihrer Langsamwüchsigkeit zum Anbau ungeeignet, da auch das Holz keinerlei Vorzüge gegen die heimische Fichte besitzt, Parkbaum.

Picea polita, charakteristisch durch besondere Widerstandsfähigkeit gegen Wildverbiß, zum forstlichen Anbau wegen ihrer Langsamwüchsigkeit nicht zu empfehlen.

Picea pungens, empfehlenswerth zur Aufforstung bruchiger und nasser Lagen, widerstandsfähig gegen Wildverbiß, nur in der Jugend hübscher Parkbaum.

Picea sitchensis ausgezeichnet durch Raschwüchsigkeit und Vorliebe für feuchte Standorte, besonders empfehlenswerth zum Anbau im Küsten= gebiet, Parkbaum.

Pinus Banksiana, hervorragend beachtenswerth wegen Anspruchslosig=

keit hinsichtlich des Standortes, daher unübertroffen bei Aufforstung der ärmsten Sandböden.

Pinus Jeffreyi, ungeeignet zum Anbau in Norddeutschland.

Pinus Laricio Poiretiana, ungeeignet zum Anbau in Norddeutschland, allenfalls für die linksrheinischen Gebiete in Frage kommend.

Pinus ponderosa, ungeeignet zum Anbau in Norddeutschland.

Pinus rigida, anspruchslos an den Boden, nicht lange ausdauernd, empfehlenswerthes Mischholz für die gemeine Kiefer auf den geringeren Standortsklassen.

Populus serotina scheint besondere Vorzüge gegenüber den übrigen Pappelarten nicht zu besitzen.

Prunus serotina, nicht sehr anspruchsvoll hinsichtlich des Bodens, raschwüchsig, besitzt ein vortreffliches Holz und ist zum Anbau warm zu empfehlen, Parkbaum.

Pseudotsuga Douglasii wegen ihrer Raschwüchsigkeit und der Güte ihres Holzes in erster Linie zum Anbau geeignet, Parkbaum.

Quercus rubra, anspruchsloser als unsere heimischen Eichen und raschwüchsiger in der Jugend, zum Anbau auf den geringeren Standortsklassen für Eiche zu empfehlen, außerdem auch noch zum Einbau in bereits etwas stärkere Buchenschonungen, Parkbaum.

Thuya gigantea, raschwüchsig und wäre wegen ihres eigenartigen Holzes zu empfehlen, die Pilzgefahr mahnt jedoch zur Vorsicht und jedenfalls zur Vermeidung trockener Standorte, Parkbaum.

Tsuga Mertensiana verdient den Anbau wegen ihres vortrefflichen Holzes und des reichen Gerbstoffgehaltes der Rinde, Parkbaum von hervorragender Schönheit.

Zelkova Keaki ungeeignet für Norddeutschland.

An dieser Stelle möchte ich noch der Pinus radiata (Don) = Pinus insignis (Loudon) gedenken, welche von Runnebaum[1] zum Anbau in Deutschland behufs Bindung der Meeresdünen empfohlen worden ist, während sich Mayr bezüglich ihrer Anbaufähigkeit selbst in Japan sehr skeptisch ausspricht.

Ich habe hiervon im hiesigen Forstgarten zweimal Aussaaten gemacht, allein die reichlich gekommenen Pflanzen gingen größtentheils bereits im ersten Winter ein, von denen einer noch dazu ein ganz ungewöhnlich milder war, den zweiten Winter haben stets nur vereinzelte Exemplare überstanden.

Pinus insignis hat sich also noch weniger widerstandsfähig erwiesen als Pinus Thunbergii und densiflora, welche doch wenigstens einige Jahre vegetirten.

Von dem Anbau dieser Arten muß in Deutschland vollkommen abgesehen werden.

---

[1] Zeitschrift für Forst- und Jagdwesen 1895, S. 324.

Samen der von Runnebaum und Mayr für Hochlagen und Brücher empfohlenen Pinus Murrayana (Murray) = Pinus contorta (Loudon) konnte ich leider trotz wiederholter Bemühungen des Mr. Sudworth nicht erhalten.

Die Erfahrung mit Pinus insignis sowohl wie zahlreiche andere Beobachtungen haben mir gezeigt, daß das Studium der Lebensbedingungen und Entwickelung der fremdländischen Holzarten in der Heimath allein nicht ausreicht, um ein unbedingt sicheres Urtheil hinsichtlich ihrer Anbaufähigkeit unter ganz anderen klimatischen Bedingungen zu gewinnen, sondern daß hierzu auch der Versuch nothwendig ist.

Eine ganze Reihe von eigenthümlichen Ansprüchen an den Standort 2c. bleibt selbstverständlich unter allen Umständen bestehen und ihre Kenntniß wird viele sonst begangene Fehler vermeiden lassen, andererseits erscheint es aber unmöglich, aus dem Vergleich der klimatischen Faktoren allein sicher zu folgern, ob einzelne Orte für den Anbau bestimmter Arten geeignet sind oder nicht. Man wird natürlich nicht versuchen, Palmen bei Berlin im Freien oder Juglans nigra auf Flugsand ziehen zu wollen, aber die Unterschiede zwischen dem Klima des nördlichen Japans, der Westküste der Vereinigten Staaten und Deutschlands in ihrer Einwirkung auf die Baumvegetation lassen sich größtentheils doch nur im Wege des Versuches feststellen.

So dürfte z. B. Mayr die Verhältnisse des Nordostens von Deutschland, soweit die bisherigen Versuche ersehen lassen, in seinen „Waldungen von Nordamerika" wohl als zu ungünstig beurtheilt haben, gedeiht doch die Douglasia in Kurwien, wo gelegentlich selbst das Quecksilber gefriert, sowie in dem kontinentalen Klima von Posen, ganz gut! Das Rheinthal andererseits ist lange nicht so geeignet für den Anbau der Ausländer, wie mehrfach angenommen wird, weil einerseits in diesem Gebiet mit uralter Kultur die Landwirthschaft alle besseren Böden für sich in Anspruch genommen hat und weil andererseits das frühzeitige Erwachen und der späte Abschluß der Vegetation dort viel größere Gefahren der Spät- und Frühfröste mit sich bringen, als im Osten oder im Gebirge.

Im Allgemeinen läßt sich wohl sagen, daß die im mittleren und nördlichen Theil der östlichen Vereinigten Staaten wachsenden Holzarten auch in Norddeutschland gut gedeihen, ebenso gilt dieses bezüglich der im Norden von Japan, namentlich auf Eso heimischen Arten.

Die westamerikanischen Arten fühlen sich in Deutschland wohler, als im Osten der Vereinigten Staaten, wie dieses auch Sargent bei verschiedenen Gelegenheiten anerkennt.

Dabei zeigen sich aber ganz auffallende Unterschiede bei Arten, die in ihrer Heimath auf demselben Standort gemischt vorkommen. So decken sich z. B. die Verbreitungsgebiete von Pinus ponderosa und Pseudotsuga Douglasii zum größten Theil und kommen beide vielfach in Mischung vor. Während aber die Douglasia in Norddeutschland so hervorragend gedeiht, versagt die Gelbkiefer hier vollständig! Chamaecyparis Lawsoniana, welche in ihrer Heimath einen so beschränkten Verbreitungsbezirk besitzt, gedeiht in Norddeutschland auf geeignetem Standort bis jetzt vorzüglich und hält, nach den Parkbäumen zu urtheilen, auch weiterhin im Wachsthum aus.

Runnebaum sagt ganz richtig, man solle beim Anbau der amerikanischen Holzarten erst „gehörig wägen und dann wagen"[1], ganz ohne „Wagen" läßt sich aber ein Unternehmen wie die Einbürgerung fremdländischer Holzarten in Deutschland nicht durchführen!

Das Urtheil bezüglich der Anbaufähigkeit und Anbauwürdigkeit hinsichtlich der einzelnen Holzarten für Norddeutschland lautet nach den bisherigen Beobachtungen folgendermaßen:

1. Als anbaufähig und anbauwürdig im Walde sind zu bezeichnen:

Abies concolor,	Picea pungens,
Acer sacharinum,	Picea sitchensis,
Betula lenta,	Pinus Banksiana,
Carya alba (Carya porcina),	Pinus rigida,
Chamaecyparis Lawsoniana,	Prunus serotina,
Chamaecyparis obtusa,	Pseudotsuga Douglasii,
Fraxinus americana	Quercus rubra,
Juglans nigra,	Thuya gigantea, (?)
Larix leptolepis,	Tsuga Mertensiana[2],
Magnolia hypoleuca,	

2. Als nicht anbaufähig, wenigstens für Norddeutschland, oder als nicht anbauwürdig müssen bezeichnet werden:

Acer Negundo,	Picea polita,
Carya amara,	Pinus densiflora,
Carya sulcata,	Pinus Jeffreyi,
Carya tomentosa,	Pinus insignis,
Catalpa speciosa,	Pinus Laricio Poiretiana,
Cryptomeria japonica,	Pinus ponderosa,
Fraxinus pubescens,	Pinus Thunbergii,
Juniperus virginiana (im Osten!),	Scladopitys verticillata,
Picea Engelmanni,	Zelkova Keaki.

3. Fortzusetzen sind die Beobachtungen hinsichtlich folgender Arten:

Abies grandis,	Picea Alcockiana,
Cercidiphyllum japonicum,	Thuya Standishii,
Cladrastris amurensis,	Tsuga Sieboldii.
Phellodendron amurense,	

---

[1] Runnebaum, Forstliche Reiseeindrücke aus Nordamerika, Zeitschrift für Forst- und Jagdwesen 1895, S. 324.

[2] Wegen der Wehmouthskiefer vergl. die Bemerkung auf S. 81.

4. Eine weitere Gruppe von Holzarten gedeiht zwar im deutschen Wald, hat aber forstwirthschaftlich gegenüber unseren einheimischen Holzarten und den unter 1. genannten Fremdländern entweder gar keine Vorzüge oder höchstens jenen der größeren Massenerzeugung, wofür aber bis jetzt, namentlich wegen des geringen Umfanges der Versuchskulturen, noch genügende Anhaltspunkte fehlen. Die meisten der hierher zu rechnenden Holzarten zeichnen sich jedoch durch Schönheit aus und besitzen theilweise hohen ästhetischen Werth, weshalb sie für Verschönerungszwecke und Parkanlagen sehr empfehlenswerth sind. Hierher gehören namentlich verschiedene Abies-Arten, wie:

Abies amabilis,	Abies nobilis,
Abies firma,	Abies Nordmanniana.

Ferner sind hierher zu rechnen:

Acer dasycarpum,	Populus serotina.
Chamaecyparis pisifera,	

Das Ergebniß der im großartigen Maßstabe durchgeführten Versuche über die Einbürgerung fremdländischer Holzarten im deutschen Wald kann nach den vorstehenden Ausführungen gewiß als ein im hohen Maße befriedigendes und erfreuliches bezeichnet werden.

Ein Zeitraum von höchstens 20 Jahren ist für die Anzucht von Waldbäumen allerdings noch keineswegs voll beweiskräftig. Bei Berücksichtigung aller in Betracht kommenden Verhältnisse, wie namentlich des Vorkommens von mehr als hundertjährigen Bäumen verschiedener Arten in Deutschland, des Verhältnisses, welches zwischen dem in Deutschland erzogenen Holze amerikanischer Arten und dem in Amerika erzogenen besteht und unserer seit Beginn der Versuche erheblich erweiterten Kenntniß über das Verhalten und die Eigenschaften dieser Arten erscheint jedoch die Annahme gerechtfertigt, daß es gelungen ist, die deutsche Waldflora um eine erhebliche Anzahl waldbaulich oder technisch höchst werthvoller Arten zu bereichern.

Die preußische Staatsforstverwaltung kann daher mit großer Genugthuung und mit berechtigtem Stolz auf ihr energisches Vorgehen in dieser Angelegenheit zurückblicken. Sie hat es gewagt, große Summen für ein Unternehmen aufzuwenden, welchem lange Zeit, namentlich im Anfang, ein großer Theil der forstlichen Welt mindestens gleichgültig und ablehnend, ein anderer, nicht unbeträchtlicher Bruchtheil aber, und hierunter Namen von bestem Klang, sogar direkt feindlich gegenüberstanden.

Besonderer Dank gebührt dem Fürsten Bismarck, welcher mit weitem staatsmännischen Blicke die Richtigkeit der von Herrn Booth gegebenen Anregung erkannte und den Anbauversuchen seine mächtige Förderung hat zu Theil werden lassen![1]

---

[1] Vergl. u. A.: Booth, Persönliche Erinnerungen an den Fürsten Bismarck, Hamburg 1899, S. 31 und 33, sowie a. a. O.

Es ist zu wünschen, daß die forstliche Praxis die Folgerungen der bisherigen Versuche ziehen möge, indem sie mit dem Anbau jener Arten, deren Anbaufähigkeit und Anbauwürdigkeit bis jetzt als erwiesen betrachtet werden kann, unter Berücksichtigung der festgestellten Ansprüche hinsichtlich des Standortes und der Behandlung in immer größerem Umfange vorgeht.

Ich schließe mit dem Wunsche, daß die fremden Holzarten sich im deutschen Walde dauernd wohl befinden und nicht nur zu dessen Verschönerung, sondern namentlich auch zur Erhöhung seiner Rente kräftig beitragen mögen!

IV.

Zusammenstellung der Größe der Anbauflächen nach Holzarten und Oberförstereien.

<table>
<thead>
<tr>
<th rowspan="2">Oberförsterei</th>
<th colspan="6">Abies</th>
<th colspan="3">Acer</th>
<th rowspan="2">Betula lenta</th>
<th colspan="5">Carya</th>
<th rowspan="2">Catalpa speciosa</th>
<th rowspan="2">Cercidiphyllum japonicum</th>
<th colspan="3">Chamaecyparis</th>
</tr>
<tr>
<th>amabilis</th><th>concolor</th><th>firma</th><th>grandis</th><th>nobilis</th><th>Nordmanniana</th>
<th>dasycarpum</th><th>Negundo</th><th>sacharinum</th>
<th>alba</th><th>amara</th><th>porcina</th><th>sulcata</th><th>tomentosa</th>
<th>Lawsoniana</th><th>obtusa</th><th>pisifera</th>
</tr>
</thead>
<tbody>
<tr><td colspan="21" align="center">A r</td></tr>
<tr><td colspan="21" align="center">I. Reg.-Bez. Königsberg.</td></tr>
<tr><td>Foedersdorf</td><td></td><td>17</td><td></td><td></td><td></td><td></td><td></td><td></td><td></td><td></td><td>7</td><td></td><td></td><td></td><td></td><td></td><td></td><td>12</td><td>27</td><td>20</td></tr>
<tr><td>Fritzen</td><td></td><td>11</td><td></td><td></td><td></td><td></td><td></td><td></td><td></td><td></td><td>38</td><td>29</td><td></td><td></td><td></td><td></td><td></td><td></td><td></td><td></td></tr>
<tr><td>Grünfließ</td><td></td><td>8</td><td></td><td></td><td></td><td>31</td><td></td><td></td><td></td><td></td><td></td><td></td><td></td><td></td><td></td><td></td><td></td><td>13</td><td></td><td></td></tr>
<tr><td>Ramuck</td><td></td><td>8</td><td></td><td></td><td></td><td>76</td><td></td><td></td><td>8</td><td>71</td><td>96</td><td></td><td></td><td></td><td></td><td></td><td></td><td>35</td><td>32</td><td>19</td></tr>
<tr><td>Sadlowo</td><td></td><td></td><td></td><td></td><td></td><td></td><td></td><td></td><td></td><td>54</td><td></td><td>12</td><td></td><td></td><td></td><td></td><td></td><td>50</td><td></td><td></td></tr>
<tr><td colspan="21" align="center">II. Reg.-Bez. Gumbinnen.</td></tr>
<tr><td>Bröblauken</td><td></td><td></td><td></td><td></td><td></td><td></td><td>16</td><td>8</td><td></td><td>146</td><td>26</td><td></td><td></td><td></td><td></td><td></td><td></td><td></td><td></td><td></td></tr>
<tr><td>Kurwien</td><td></td><td></td><td></td><td></td><td></td><td></td><td></td><td></td><td></td><td></td><td></td><td></td><td></td><td></td><td></td><td></td><td></td><td></td><td></td><td></td></tr>
<tr><td>Pfeilswalde</td><td></td><td></td><td></td><td></td><td></td><td></td><td></td><td></td><td></td><td></td><td></td><td></td><td></td><td></td><td></td><td>13</td><td></td><td></td><td></td><td></td></tr>
<tr><td>Wilhelmsbruch</td><td></td><td></td><td></td><td></td><td></td><td></td><td>72</td><td></td><td></td><td></td><td></td><td></td><td></td><td></td><td></td><td></td><td></td><td>6</td><td></td><td></td></tr>
<tr><td colspan="21" align="center">III. Reg.-Bez. Danzig.</td></tr>
<tr><td>Pelplin</td><td></td><td></td><td></td><td></td><td></td><td></td><td></td><td></td><td></td><td></td><td></td><td></td><td></td><td></td><td></td><td></td><td></td><td>25</td><td></td><td></td></tr>
<tr><td>Sobbowitz</td><td></td><td></td><td></td><td></td><td></td><td></td><td></td><td></td><td></td><td></td><td></td><td></td><td></td><td></td><td></td><td></td><td>5</td><td>38</td><td></td><td></td></tr>
<tr><td>Steegen</td><td></td><td></td><td></td><td></td><td></td><td></td><td></td><td></td><td></td><td></td><td></td><td></td><td></td><td></td><td></td><td></td><td></td><td></td><td></td><td></td></tr>
<tr><td>Wirthy</td><td></td><td></td><td></td><td></td><td></td><td></td><td>8</td><td></td><td></td><td></td><td></td><td></td><td></td><td></td><td></td><td></td><td>4</td><td>8</td><td>12</td><td></td></tr>
<tr><td colspan="21" align="center">IV. Reg.-Bez. Marienwerder.</td></tr>
<tr><td>Lutau</td><td></td><td></td><td></td><td></td><td></td><td></td><td></td><td></td><td></td><td>432</td><td></td><td>8</td><td></td><td></td><td></td><td></td><td></td><td></td><td></td><td></td></tr>
<tr><td>Rehhof</td><td></td><td></td><td></td><td></td><td></td><td></td><td></td><td></td><td></td><td></td><td>100</td><td></td><td>12</td><td></td><td>30</td><td></td><td></td><td>70</td><td></td><td></td></tr>
<tr><td colspan="21" align="center">V. Reg.-Bez. Potsdam.</td></tr>
<tr><td>Biesenthal</td><td></td><td>11</td><td></td><td></td><td></td><td>8</td><td>25</td><td>38</td><td>2</td><td>14</td><td>44</td><td>36</td><td></td><td></td><td></td><td>18</td><td></td><td>126</td><td>47</td><td>5</td></tr>
<tr><td>Chorin</td><td>5</td><td></td><td></td><td>5</td><td>5</td><td></td><td></td><td></td><td></td><td></td><td></td><td>6</td><td></td><td></td><td></td><td>12</td><td></td><td>8</td><td></td><td>8</td></tr>
<tr><td>Dippmannsdorf</td><td></td><td></td><td></td><td></td><td></td><td></td><td></td><td></td><td></td><td></td><td></td><td></td><td></td><td></td><td></td><td></td><td></td><td></td><td></td><td></td></tr>
<tr><td>Eberswalde</td><td>6</td><td>24</td><td>5</td><td>5</td><td>5</td><td>8</td><td>350</td><td>310</td><td>5</td><td>10</td><td>151</td><td>130</td><td></td><td></td><td></td><td>3</td><td></td><td>303</td><td>20</td><td>20</td></tr>
<tr><td>Freienwalde</td><td>8</td><td>18</td><td></td><td>6</td><td>35</td><td>43</td><td></td><td>147</td><td></td><td>174</td><td>687</td><td>461</td><td>100</td><td></td><td>325</td><td>105</td><td>10</td><td>147</td><td>31</td><td>33</td></tr>
<tr><td colspan="21" align="center">VI. Reg.-Bez. Frankfurt.</td></tr>
<tr><td>Carzig</td><td></td><td></td><td></td><td></td><td></td><td></td><td></td><td>6</td><td></td><td></td><td></td><td>50</td><td></td><td></td><td></td><td></td><td></td><td>15</td><td></td><td></td></tr>
<tr><td>Neuhaus</td><td></td><td></td><td></td><td></td><td></td><td></td><td>20</td><td></td><td></td><td>30</td><td></td><td></td><td></td><td></td><td></td><td></td><td></td><td></td><td></td><td></td></tr>
<tr><td>Steinspring</td><td></td><td></td><td></td><td></td><td></td><td></td><td></td><td></td><td></td><td></td><td></td><td></td><td></td><td></td><td></td><td>10</td><td></td><td></td><td></td><td></td></tr>
<tr><td colspan="21" align="center">VII. Reg.-Bez. Stettin.</td></tr>
<tr><td>Eggesin</td><td></td><td></td><td></td><td></td><td></td><td></td><td></td><td></td><td></td><td></td><td></td><td></td><td></td><td></td><td></td><td></td><td></td><td></td><td></td><td></td></tr>
<tr><td>Jacobshagen</td><td></td><td></td><td></td><td></td><td></td><td></td><td>20</td><td></td><td></td><td></td><td>10</td><td>297</td><td></td><td></td><td>27</td><td></td><td></td><td>7</td><td></td><td></td></tr>
<tr><td>Jaedkemühl</td><td></td><td></td><td></td><td></td><td></td><td></td><td></td><td></td><td></td><td></td><td></td><td></td><td></td><td></td><td></td><td></td><td></td><td></td><td></td><td></td></tr>
<tr><td>Mühlenbeck</td><td></td><td></td><td></td><td></td><td></td><td></td><td></td><td></td><td></td><td></td><td></td><td>81</td><td>16</td><td></td><td>24</td><td></td><td></td><td></td><td></td><td></td></tr>
<tr><td>Pudagla</td><td></td><td></td><td></td><td></td><td></td><td></td><td>20</td><td></td><td></td><td></td><td></td><td>75</td><td></td><td></td><td></td><td></td><td></td><td></td><td></td><td></td></tr>
<tr><td>Rieth</td><td></td><td></td><td></td><td></td><td></td><td></td><td></td><td></td><td></td><td></td><td></td><td></td><td></td><td></td><td></td><td></td><td></td><td></td><td></td><td></td></tr>
<tr><td>Warnow</td><td></td><td></td><td></td><td></td><td></td><td></td><td></td><td></td><td></td><td></td><td></td><td>65</td><td></td><td></td><td>14</td><td></td><td></td><td></td><td></td><td></td></tr>
</tbody>
</table>

A r

Cryptomeria japonica	Fraxinus americana	Juglans nigra	Juniperus virginiana	Larix leptolepis	Magnolia hypoleuca	Phellodendron amurense	Picea Alcockiana	Picea Engelmanni	Picea pungens	Picea sitchensis	Pinus Banksiana	Pinus Jeffreyi	Pinus laricio Poiretiana	Pinus ponderosa	Pinus rigida	Populus serotina	Prunus serotina	Pseudotsuga Douglasii	Quercus rubra	Thuga gigantea	Tsuga Mertensiana	Tsuga Sieboldii	Zekowa Keaki	Summa
	31			5				40	6	27							22	55	8	12				289
	49	87							26	64								16	253	36				609
										28							6	8		7				101
	24		8					24	26									242	10	8				687
		18																						134
																		10		118				324
																		100						100
																			70	35				118
																								78
			6							72								416	203					228
																								537
									150						400									550
									60	134					4069			329		8				4632
		10																200						640
																		250						472
	113	24	4			2			68	174	654	20	134	22	297		5	585	222	61	11			2770
				117		10			20										89	59			10	362
														42	455	38		165	229					929
2	59	33	15	207	3	5			5	335	75	31	30		370		8	620	663	50				3866
3	352	306	32	109	32	53	20		35	72	116	20	140	36	1474		45	342	354	276	51		28	6239
	16									38					75			292		24				516
			20	50						80					354		10	20	50	20				654
																								10
										30								503						533
															290			27						678
										160					265			45						470
		25		39							14							76	30					305
										5					206		11	11		10				338
																		15						15
		28																262						369

Oberförsterei	Abies amabilis	Abies concolor	Abies firma	Abies grandis	Abies nobilis	Abies Nordmanniana	Acer dasycarpum	Acer Negundo	Acer sacharinum	Betula lenta	Carya alba	Carya amara	Carya porcina	Carya sulcata	Carya tomentosa	Catalpa speciosa	Cercidiphyllum japonicum	Chamaecyparis Lawsoniana	Chamaecyparis obtusa	Chamaecyparis pisifera
A r t																				
VIII. Reg.-Bez. Köslin.																				
Altkrakow											16	40								
Oberfier											31		20							
IX. Reg.-Bez. Stralsund.																				
Jägerhof																				
X. Reg.-Bez. Posen.																				
Eckstelle		5			12				10										6	5
Grünheide		5				59		143		12	114	81				27		28		
Hartigsheide																				
Obornik																				
Zirke																				
XI. Reg.-Bez. Bromberg.																				
Mirau																				
Taubenwalde										20										
XII. Reg.-Bez. Breslau.																				
Namslau										120										
Nesselgrund		10																		
Ohlau											40	50	30		10					
Reinerz																				
Rogelwitz										118										
Stoberau											81	18	17		19					
XIII. Reg.-Bez. Liegnitz.																				
Tschiefer										24										
Ullersdorf																				
XIV. Reg.-Bez. Oppeln.																				
Cosel																				
Paruschowitz																				
Proskau											73		27							
Rybnick																				
XV. Reg.-Bez. Magdeburg.																				
Bischofswalde										40				40				50		
Grünewalde											82	12							15	15
Loedderitz																				
XVI. Reg.-Bez. Merseburg.																				
Rosenfeld											34							43		
Schkeuditz		10					8			19	82	60								
Ziegelroda							63	68		10	43				10	5		8		
Zoeckeritz								42			69	91			40					

Cryptomeria japonica	Fraxinus americana	Juglans nigra	Juniperus virginiana	Larix leptolepis	Magnolia hypoleuca	Phellodendron amurense	Picea				Pinus					Populus serotina	Prunus serotina	Pseudotsuga Douglasii	Quercus rubra	Thuga gigantea	Tsuga		Zikowa Keaki	Summa
							Acockiana	Engelmanni	pungens	sitchensis	Banksiana	Jeffreyi	laricio Poiretiana	ponderosa	rigida						Mertensiana	Sieboldii		
											A r													
										358								129						543
											100				3580			60	30					3821
																		17						17
	5			5			14	6							92			155	50	30				395
	166		52	10				12	13	61								49	26	183			10	1051
	459																							459
																			128					128
	5			20															5					30
										164								165						329
										40								733						793
				30			20	20										6	120					316
							20	100		761								1898						2789
		80																						210
										30								164						194
		73																						191
		23																						158
	454									25					247			122	20					892
										57			100					415						572
																			5					5
															145			369						514
															100									200
															131			100						231
																		150						280
	716	29	56							56					97			57	79				-	1214
													125		125									250
				5						12		25						146	104					369
			48							10								142						379
		58	88					5	6									35	204					603
		9	114							13			12		91			17						498

Oberförsterei	Abies						Acer			Betula lenta	Carya					Catalpa speciosa	Cercidiphyllum japonicum	Chamaecyparis		
	amabilis	concolor	firma	grandis	nobilis	Nordmanniana	dasycarpum	Negundo	sacharinum		alba	amara	porcina	sulcata	tomentosa			Lawsoniana	obtusa	pisifera
A r																				
XVII. Reg.-Bez. Erfurt.																				
Erfurt										148										
Schleusingen																				
Schwarza																				
XVIII. Reg.-Bez. Schleswig.																				
Apenrade																				
Flensburg																				
Hadersleben									120	40										
Neumünster																				
Quickborn																				
Segeberg																		7		
Sonderburg																			7	
Schleswig											83									
XIX. Reg.-Bez. Hannover.																				
Coppenbrügge																				
Hannover							10	3		3	11								10	
Neubruchhausen																				
Nienburg							40			70	155									19
XX. Reg.-Bez. Hildesheim.																				
Lonau												6	6		6			9		
Mollenfelde									21											
Osterode																				
Sillium																				
XXI. Reg.-Bez. Lüneburg.																				
Harburg							10													
XXII. Reg.-Bez. Stade.																				
Zeven																				
XXIII. Reg.-Bez. Osnabrück.																				
Aurich							9											16		
XXIV. Reg.-Bez. Minden.																				
Altenbeken																				
Haste										133										
XXV. Reg.-Bez. Arnsberg.																				
Bredelar																				
Glindfeld																				
Hainchen																				
Obereimer										90										

A r

Cryptomeria japonica	Fraxinus americana	Juglans nigra	Juniperus virginiana	Larix leptolepis	Magnolia hypoleuca	Phellodendron amurense	Picea Alcockiana	Picea Engelmanni	Picea pungens	Picea sitchensis	Pinus Banksiana	Pinus Jeffreyi	Pinus laricio Poiretiana	Pinus ponderosa	Pinus rigida	Populus serotina	Prunus serotina	Pseudotsuga Douglasii	Quercus rubra	Thuga gigantea	Tsuga Mertensiana	Tsuga Sieboldii	Zelkowa Keaki	Summa
	12	71								21								78						330
															100			260						360
																				12				12
										6										5				11
										52														52
															60			30						250
									81	60								61						202
										158								23						181
				3				4	13	7					6			130		7				177
																								7
										164					210			205						662
															19									19
	20	12		16											60				2					147
				10															100					110
	86			45											605			160	595					1775
																		893						920
																		7						28
																		55						55
	5	20					17		10															52
																		134		35				179
										22														22
															195			72	14	74			8	388
		39																						39
		66																						199
										20														20
										130									20					150
																			200	25				225
										288									50					428

Oberförsterei	Abies						Acer			Betula lenta	Carya					Catalpa speciosa	Cerridiphyllum japonicum	Chamaecyparis		
	amabilis	concolor	firma	grandis	nobilis	Nordmanniana	dasycarpum	Negundo	sacharinum		alba	amara	porcina	sulcata	tomentosa			Lawsoniana	obtusa	pisifera
								A r												
XXVI. Reg.-Bez. Cassel.																				
Gahrenberg										20										
Meißner																				
Oberaula		8		9														3		
Stölzingen																				
Wellerode																				
XXVII. Reg.-Bez. Wiesbaden.																				
Diez		20			10													70		
Dillenburg																				
Gladenbach						1					64									
Homburg			6			6											6		26	20
Johannisburg						84					504	30			170				30	11
Weilburg																				
XXVIII. Reg.-Bez. Coblenz.																				
Castellaun						36					91									
Entenpfuhl																				
Kirchberg																				
XXIX. Reg.-Bez. Düsseldorf.																				
Benrath							86											15		
Clever Thiergarten																				
Hiesfeld																				
XXX. Reg.-Bez. Cöln.																				
Kottenforst											10									
Siebengebirge																				
XXXI. Reg.-Bez. Trier.																				
Carlsbrunn											260			20				130		
Daun						40									112			95	70	20
Saarbrücken											82		40							
XXXII. Reg.-Bez. Aachen.																				
Hambach											201									7
Roetgen																				
Summa	19	145	21	16	67	504	504	1392	211	828	4150	1221	308	43	791	181	10	1267	403	202

A r

Cryptomeria japonica	Fraxinus americana	Juglans nigra	Juniperus virginiana	Larix leptolepis	Magnolia hypoleuca	Phellodendron amurense	Picea Acockiana	Picea Engelmanni	Picea pungens	Picea sitchensis	Pinus Banksiana	Pinus Jeffreyi	Pinus laricio Poiretiana	Pinus ponderosa	Pinus rigida	Populus serotina	Prunus serotina	Pseudotsuga Douglasii	Quercus rubra	Thuga gigantea	Tsuga Mertensiana	Tsuga Sieboldii	Zikowa Keaki	Summa
																120								140
																3								3
	18							12	55		48					9				6				168
																85								85
								50		276				80		75								481
	21				50			20	40												10	10		251
					25																			25
		57										7												129
10					370		6			450						1247				710			610	2873
		46			40					657		6				30				200				1808
					20			25																45
	43									312						31								513
										119						51								170
					188					43														231
																3				100				204
																38	15		23					108
32					20						457								360					837
											50					10				60				130
																	15							15
								30	30		280					40								790
					8		5	25		140						497								1012
																				15				137
	44									661									27	70				1010
										63				340		482								885
47	2765	129	7	136	1449	35	70	37	263	599	6465	1217	151	1211	58	14655	38	172	14617	4156	2156	72	1458	64034

Litteratur-Ueberſicht.

Beißner, Handbuch der Nadelholzkunde, Berlin 1891.

Booth, Feſtſtellung der Anbauwürdigkeit ausländiſcher Waldbäume, Berlin 1880.

Mayr, Die Waldungen von Nord-Amerika, München 1890.

Mayr, Monographie der Abietineen des Japaniſchen Reiches, 1890.

Mayr, Aus den Waldungen Japans, München 1891.

Sargent, The Silva of North-America, Vol. I—XII, Boston and New-York 1890—98.

Sargent, Forest Flora of Japon, Boston and New-York 1894.

Shirasawa, Iconographie des éssences forestières du Japon, Paris 1900.

Semler, Tropiſche und nordamerikaniſche Waldwirthſchaft und Holzkunde, Berlin 1888.

Sudworth, Nomenclature of the Arborescent Flora of the United States, Washington 1897.

v. Tubeuf, Die Nadelhölzer, Stuttgart 1897.

Weiſe, Das Vorkommen gewiſſer fremdländiſcher Holzarten in Deutſchland, Berlin 1882.

Verlag von Julius Springer in Berlin N.

Handbuch der Forst- und Jagdgeschichte Deutschlands.

Von **Dr. Adam Schwappach,**
Königl. Preuss. Forstmeister und Professor an der Forstakademie Eberswalde.

I. Von den ältesten Zeiten bis zum Schluss des Mittelalters (1500). Preis M. 6,—.
II. Vom Schluss des Mittelalters bis zum Ende des 18. Jahrhunderts (1500—1790). Preis M. 9,—.
III. Vom Ende des 18. Jahrhunderts bis zur Neuzeit. Preis M. 5,—.

Preis des vollständigen Werkes (2 Bände) M. 20,—.

Grundriß der Forst- und Jagdgeschichte Deutschlands.

Von
Dr. Adam Schwappach,
Königl. Preuß. Forstmeister und Professor an der Forstakademie Eberswalde.

Zweite erweiterte, vollständig neubearbeitete Auflage.

Preis M. 3,—.

Handbuch der Forstverwaltungskunde.

Von
Dr. Adam Schwappach,
Königl. Preuß. Forstmeister und Professor an der Forstakademie Eberswalde.

Preis M. 5,—; in Leinwand geb. M. 6,—.

Leitfaden der Holzmeßkunde.

Von
Dr. Adam Schwappach,
Königl. Preuß. Forstmeister und Professor an der Forstakademie Eberswalde.

Mit 24 in den Text gedruckten Abbildungen.

Preis M. 3,—; geb. M. 4,—.

Wachsthum und Ertrag normaler Fichtenbestände.

Nach den Aufnahmen des Vereins deutscher forstlicher Versuchsanstalten

bearbeitet von
Dr. Adam Schwappach,
Königl. Preuss. Forstmeister und Professor an der Forstakademie Eberswalde.

Mit vier Tafeln. — Preis M. 2,60.

Wachsthum und Ertrag normaler Kiefernbestände

in der norddeutschen Tiefebene.

Nach den Aufnahmen der preussischen Hauptstation des forstlichen Versuchswesens.

Von
Dr. Adam Schwappach,
Königl. Preuss. Forstmeister und Professor an der Forstakademie Eberswalde.

Mit drei Tafeln. — Preis M. 2,—.

Wachsthum und Ertrag normaler Rothbuchenbestände.

Nach den Aufnahmen
der preussischen Hauptstation des forstlichen Versuchswesens

bearbeitet von
Dr. Adam Schwappach,
Königl. Preuss. Forstmeister und Professor an der Forstakademie Eberswalde.

Preis M. 3,—.

Zu beziehen durch jede Buchhandlung.

Verlag von Julius Springer in Berlin N.

Neuere Untersuchungen
über
Wachsthum und Ertrag normaler Kiefernbestände
in der norddeutschen Tiefebene.
Nach den Aufnahmen der preussischen Hauptstation des forstlichen Versuchswesens
bearbeitet von
Dr. Adam Schwappach,
Königl. Preuss. Forstmeister und Professor an der Forstakademie Eberswalde.
Preis M. 2,—,

Untersuchungen über Raumgewicht und Druckfestigkeit
des Holzes wichtiger Waldbäume
ausgeführt von der Preuss. Hauptstation des forstl. Versuchswesens zu Eberswalde
und der mechanisch-technischen Versuchsanstalt zu Charlottenburg.

Bearbeitet von
Dr. Adam Schwappach,
Königl. Preuss. Forstmeister und Professor an der Forstakademie Eberswalde.
**I. Die Kiefer. Mit 3 Tafeln. Preis M. 3,—; II. Fichte, Weisstanne, Weymuthskiefer
und Rothbuche. Mit 4 Tafeln. Preis M. 3,60.**

Verlagsbuchhandlung von Paul Parey und Verlagsbuchhandlung von Julius Springer in Berlin.

Studien über die Schüttekrankheit der Kiefer.
Von
Dr. Carl Freiherr von Tubeuf,
Kaiserl. Regierungsrath.

Mit 7 Tafeln. Preis M. 10,—.

(Arbeiten aus der Biologischen Abtheilung für Land- und Forstwirthschaft am
Kaiserlichen Gesundheitsamte. II. Band, I. Heft.)

Arbeiten
aus der
Biologischen Abtheilung für Land- und Forstwirthschaft
am Kaiserlichen Gesundheitsamte.

Unter obigem Titel erscheint eine fortlaufende grössere Publikation, in welche die Resultate von
Untersuchungen und Beobachtungen auf allen Arbeitsgebieten der biologischen Abtheilung aufgenommen
werden. Es ist selbstverständlich, dass diese Hefte nicht nur Text, sondern auch Abbildungen, theils schwarz,
theils auf Farbendrucktafeln enthalten werden. Da das Material bald reich, bald weniger reich fliessen wird,
so erscheint die Publikation vorläufig in einzeln berechneten, zwanglosen Heften, welche sich zu Bänden
ähnlichen Umfanges mit besonderem Titel, Inhaltsverzeichniss etc. zusammenschliessen werden.
Bisher erschienen: I. Band. 1. Heft: M. 5,—; 2. Heft: M. 7,—. II. Band: 1. Heft: M. 10,—.

Flugblätter
aus der Biologischen Abtheilung für Land- u. Forstwirthschaft
am Kaiserlichen Gesundheitsamte.

Nr. 1. Aufforderung zum allgemeinen Kampf gegen die Fusicladium- oder sog. Schorfkrankheit des Kernobstes. Von Geh. Reg.-Rath Prof. Dr. Frank-Berlin. Einzelpreis M. 0,05; 25 Expl. M. 0,80.

Nr. 2. Die Reinigung der Felder von den Pflanzenüberresten nach der Ernte als wichtiges Schutzmittel gegen Pflanzenschädlinge. Von Geh. Reg.-Rath Prof. Dr. Frank-Berlin. Einzelpreis M. 0,05; 25 Expl. M. 0,80.

Nr. 3. Aufruf zur allgemeinen Vernichtung des Birnenrostes. Von Dr. Carl Freiherr von Tubeuf, K. Regierungsrath. Einzelpreis M. 0,10; 100 Expl. M. 8,—.

Nr. 4. Biologie, praktische Bedeutung und Bekämpfung des Kirschen-Hexenbesens. Von Dr. Carl Freiherr von Tubeuf, K. Regierungsrath. Einzelpreis M. 0,05; 100 Expl. M. 4,—; 500 Expl. M. 15,—

Nr. 5. Ueber die Biologie, praktische Bedeutung und Bekämpfung des Weymouthskiefern-Blasenrostes. Von Dr. Carl Freiherr von Tubeuf, K. Regierungsrath. Einzelpreis M. 0,05 100 Expl. M. 4,—; 500 Expl. M. 15,—.

Nr. 6. Der Schwammspinner und seine Bekämpfung. Von Dr. Arnold Jacobi. Einzelpreis M. 0,05; 100 Expl. M. 4,—; 500 Expl. M. 15,—.

Nr. 7. Die Bekämpfung der Kaninchenplage. Von Dr. O. Appel und Dr. A. Jacobi. Einzelpreis M. 0,05; 100 Expl. M. 4,—; 500 Expl. M. 15,—.

Bestellungen sind zu richten an die Verlagsbuchhandlung Paul Parey in
Berlin SW., Hedemannstraße 10 und werden durch jede Buchhandlung vermittelt.

Zu beziehen durch jede Buchhandlung.